新応用数学 問題集

改訂版 | 大日本図書

Applied Mathematics

JN055728

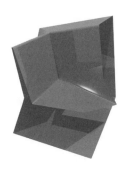

数学の内容をより深く理解し，学力をつけるためには，いろいろな問題を自分の力で解いてみることが大切なことは言うまでもない．本書は「新応用数学　改訂版」に準拠してつくられた問題集で，教科書の内容を確実に身につけることを目的として編集された．各章の構成と学習上の留意点は以下の通りである．

(1) 各節のはじめに**まとめ**を設け，教科書で学習した内容の要点をまとめた．知識の整理や問題を解くときの参照に用いてほしい．

(2) Basic（基本問題）は，教科書の問に対応していて，基礎知識を定着させる問題である．右欄に教科書の問のページと番号を示している．**Basic** の内容については，すべてが確実に解けるようにしてほしい．

(3) Check（確認問題）は，ほぼ **Basic** に対応していて，その内容が定着したかどうかを確認するための問題である．1 ページにまとめているので，確認テストとして用いてもよい．また，**Check** の解答には，関連する **Basic** の問題番号を示しているので，**Check** から始めて，できなかった所を **Basic** に戻って反復することもできるようになっている．

(4) Step up（標準問題）は基礎知識を応用させて解く問題である．「例題」として考え方や解き方を示し，直後に例題に関連する問題を取り入れた．**Basic** の内容を一通り身につけた上で，**Step up** の問題を解くことをすれば，数学の学力を一層伸ばし，応用力をつけることが期待できる．

(5) 章末には，**Plus**（発展的内容と問題）を設け，教科書では扱っていないが，学習しておくと役に立つと思われる発展的な内容を取り上げ，学生自らが発展的に考えることができるようにした．教科書の補章に関連する問題もここで取り上げた．

(6) Step up と **Plus** では，大学編入試験問題も取り上げた．

(7) Basic と **Check** の解答は，基本的に解答のみである．ただし，**Step up** と **Plus** については，自学自習の便宜を図って，必要に応じて，問題の右欄にヒントを示すか，解答にできるだけ丁寧に解法の指針を示した．

数学の学習においては，あいまいな箇所をそのまま残して先に進むことをせずに，じっくりと考えて，理解してから先に進むといった姿勢が何より大切である．

授業のときや予習復習にあたって，この問題集を十分活用して工学系や自然科学系を学ぶために必要な数学の基礎学力と応用力をつけていただくことを期待してやまない．

令和 5 年 10 月

編者

目次

1章 ベクトル解析

1 ベクトル関数

- **外積**　$\boldsymbol{a} = (a_x,\ a_y,\ a_z)$, $\boldsymbol{b} = (b_x,\ b_y,\ b_z)$ とするとき

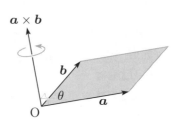

$$\boldsymbol{a} \times \boldsymbol{b} = (a_y b_z - a_z b_y)\boldsymbol{i} + (a_z b_x - a_x b_z)\boldsymbol{j} + (a_x b_y - a_y b_x)\boldsymbol{k}$$

$$= \begin{vmatrix} \boldsymbol{i} & \boldsymbol{j} & \boldsymbol{k} \\ a_x & a_y & a_z \\ b_x & b_y & b_z \end{vmatrix} \quad (\text{行列式は形式的表現})$$

$$|\boldsymbol{a} \times \boldsymbol{b}| = |\boldsymbol{a}||\boldsymbol{b}|\sin\theta \quad (0 \leqq \theta \leqq \pi)$$

$$\boldsymbol{b} \times \boldsymbol{a} = -(\boldsymbol{a} \times \boldsymbol{b}), \quad \boldsymbol{a} \times (\boldsymbol{b} + \boldsymbol{c}) = \boldsymbol{a} \times \boldsymbol{b} + \boldsymbol{a} \times \boldsymbol{c}$$

$$(m\boldsymbol{a}) \times \boldsymbol{b} = \boldsymbol{a} \times (m\boldsymbol{b}) = m(\boldsymbol{a} \times \boldsymbol{b}) \quad (m \text{ は実数})$$

$$\boldsymbol{a} \neq \boldsymbol{0},\ \boldsymbol{b} \neq \boldsymbol{0} \text{ のとき} \quad \boldsymbol{a} /\!/ \boldsymbol{b} \iff \boldsymbol{a} \times \boldsymbol{b} = \boldsymbol{0}$$

- **ベクトル関数**

　　$\boldsymbol{a}(t)$, $\boldsymbol{b}(t)$ を t のベクトル関数, $u(t)$ を t の関数とするとき

$$\boldsymbol{a}'(t) = \frac{d\boldsymbol{a}}{dt} = \lim_{\Delta t \to 0} \frac{\boldsymbol{a}(t + \Delta t) - \boldsymbol{a}(t)}{\Delta t}$$

$$(\boldsymbol{a} + \boldsymbol{b})' = \boldsymbol{a}' + \boldsymbol{b}', \quad \{\boldsymbol{a}(u(t))\}' = \frac{d\boldsymbol{a}}{du}\frac{du}{dt}, \quad (u\boldsymbol{a})' = u'\boldsymbol{a} + u\boldsymbol{a}'$$

$$(\boldsymbol{a} \cdot \boldsymbol{b})' = \boldsymbol{a}' \cdot \boldsymbol{b} + \boldsymbol{a} \cdot \boldsymbol{b}', \quad (\boldsymbol{a} \times \boldsymbol{b})' = \boldsymbol{a}' \times \boldsymbol{b} + \boldsymbol{a} \times \boldsymbol{b}'$$

- **曲線**　$\boldsymbol{r} = \boldsymbol{r}(t) = (x(t),\ y(t),\ z(t))$

　　単位接線ベクトルは　$\boldsymbol{t} = \dfrac{\boldsymbol{r}'(t)}{|\boldsymbol{r}'(t)|} = \dfrac{\dfrac{d\boldsymbol{r}}{dt}}{\left|\dfrac{d\boldsymbol{r}}{dt}\right|}$

　　曲線上の点 P(a) から P(b) までの曲線の長さは, $a < b$ のとき

$$s = \int_a^b \left|\frac{d\boldsymbol{r}}{dt}\right| dt = \int_a^b \sqrt{\left(\frac{dx}{dt}\right)^2 + \left(\frac{dy}{dt}\right)^2 + \left(\frac{dz}{dt}\right)^2}\, dt$$

- **曲面**　$\boldsymbol{r} = \boldsymbol{r}(u,\ v)$

　　曲面上の点における単位法線ベクトルは　$\boldsymbol{n} = \pm \dfrac{\dfrac{\partial \boldsymbol{r}}{\partial u} \times \dfrac{\partial \boldsymbol{r}}{\partial v}}{\left|\dfrac{\partial \boldsymbol{r}}{\partial u} \times \dfrac{\partial \boldsymbol{r}}{\partial v}\right|}$

　　uv 平面上の範囲 D に対応する曲面の面積は　$S = \displaystyle\iint_D \left|\frac{\partial \boldsymbol{r}}{\partial u} \times \frac{\partial \boldsymbol{r}}{\partial v}\right| du\, dv$

Basic

1 基本ベクトル $\boldsymbol{i}$, $\boldsymbol{j}$ について，$\boldsymbol{i} \times \boldsymbol{j} - \boldsymbol{j} \times \boldsymbol{i}$ を求めよ．　→教 p.3 問·1

2 $\boldsymbol{a} = (1, -2, 3)$, $\boldsymbol{b} = (2, 1, -1)$ のとき，$\boldsymbol{a} \times \boldsymbol{b}$, $\boldsymbol{b} \times \boldsymbol{a}$ をそれぞれ求め，　→教 p.4 問·2
$\boldsymbol{a} \times \boldsymbol{b} = -\boldsymbol{b} \times \boldsymbol{a}$ となることを確かめよ．

3 空間内に 3 点 A$(1, 3, 2)$, B$(0, 5, 3)$, C$(2, 4, 5)$ がある．このとき，$\overrightarrow{\mathrm{AB}} \times \overrightarrow{\mathrm{AC}}$　→教 p.4 問·3
を求めよ．また，$\triangle \mathrm{ABC}$ の面積を求めよ．

4 基本ベクトル $\boldsymbol{i}$, $\boldsymbol{j}$ について，次を求めよ．　→教 p.4 問·4
(1) $(\boldsymbol{i} \times \boldsymbol{j}) \times \boldsymbol{j}$ および $\boldsymbol{i} \times (\boldsymbol{j} \times \boldsymbol{j})$　(2) $(\boldsymbol{i} \times \boldsymbol{j}) \times \boldsymbol{i}$ および $\boldsymbol{i} \times (\boldsymbol{j} \times \boldsymbol{i})$

5 次のベクトル関数を微分せよ．また，( ) 内の t の値における微分係数を求めよ．　→教 p.7 問·5
(1) $\boldsymbol{a}(t) = (t^3, \ t, \ e^{2t})$　$(t = 1)$
(2) $\boldsymbol{b}(t) = (2\cos t, \ 3\sin t, \ t^2)$　$\left(t = \dfrac{\pi}{2}\right)$

6 $\boldsymbol{a}(t) = (\cos 3t, \ \sin 3t, \ t)$ のとき，$\left|\dfrac{d\boldsymbol{a}}{dt}\right|$ を求めよ．　→教 p.7 問·6

7 $\boldsymbol{a} = \boldsymbol{a}(t)$ は t のベクトル関数，$u = u(t)$ は t の関数とするとき，次の公式が　→教 p.7 問·7
成り立つことを証明せよ．
$$(u\boldsymbol{a})' = u'\boldsymbol{a} + u\boldsymbol{a}'$$
また，$\boldsymbol{a}(t) = (3t, \ t^2 - 1, \ 1)$, $\boldsymbol{b}(t) = (1, \ t+2, \ -t^2)$ のとき，ベクトル関数　→教 p.7 公式 (V),(VI)
の微分法の公式を用いて $\{\boldsymbol{a}(t) \cdot \boldsymbol{b}(t)\}'$ および $\{\boldsymbol{a}(t) \times \boldsymbol{b}(t)\}'$ を求めよ．

8 曲線 $\boldsymbol{r} = (\cos t, \ \sin t, \ t^2)$ について，単位接線ベクトル $\boldsymbol{t}$ を求めよ．　→教 p.9 問·8

9 曲線 $\boldsymbol{r} = (t^2, \ 2t, \ \log t)$ について，点 P(1) から P(2) までの曲線の長さを求　→教 p.10 問·9
めよ．

10 次のベクトル関数で表される曲面について，(u, v) に対応する曲面上の点にお　→教 p.12 問·10
ける単位法線ベクトル $\boldsymbol{n}$ を求めよ．
(1) $\boldsymbol{r} = (u, \ v, \ 2u - 3v)$　(2) $\boldsymbol{r} = \left(u+v, \ u-v, \ \dfrac{u^2 + v^2}{2}\right)$

11 ベクトル関数　→教 p.14 問·11
$$\boldsymbol{r} = \left(u, \ v, \ \dfrac{e^u + e^{-u}}{2}\right) \quad (D : 0 \leqq u \leqq 1, \ 0 \leqq v \leqq 2)$$
で表される曲面について，次を求めよ．
(1) $\dfrac{\partial \boldsymbol{r}}{\partial u} \times \dfrac{\partial \boldsymbol{r}}{\partial v}$　(2) $\left|\dfrac{\partial \boldsymbol{r}}{\partial u} \times \dfrac{\partial \boldsymbol{r}}{\partial v}\right|$　(3) 曲面の面積

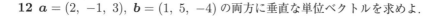

Check

12 $\boldsymbol{a} = (2,\ -1,\ 3)$, $\boldsymbol{b} = (1,\ 5,\ -4)$ の両方に垂直な単位ベクトルを求めよ.

13 空間内の 3 点 A$(1,\ 4,\ -3)$, B$(1,\ 3,\ -2)$, C$(k,\ 3,\ 2)$ について, $\triangle$ABC の面積が $\sqrt{6}$ となるように実数 k の値を定めよ.

14 $\boldsymbol{a} = (3t,\ t-2,\ t^2)$, $\boldsymbol{b} = (\cos 2t,\ \sin 2t,\ 1)$ のとき, 次を求めよ.

(1) $\dfrac{d\boldsymbol{a}}{dt}$ 　　(2) $\dfrac{d\boldsymbol{b}}{dt}$ 　　(3) $\left|\dfrac{d\boldsymbol{b}}{dt}\right|$ 　　(4) $\dfrac{d}{dt}(\boldsymbol{a} \cdot \boldsymbol{b})$

15 ベクトル関数 $\boldsymbol{r} = \boldsymbol{r}(t)$ について, 次の等式を証明せよ.

$$(\boldsymbol{r} \times \boldsymbol{r}')' = \boldsymbol{r} \times \boldsymbol{r}''$$

16 曲線 $\boldsymbol{r} = (t^2 + t,\ t^2 - t,\ t)$ について, 単位接線ベクトル $\boldsymbol{t}$ を求めよ.

17 次の曲線の長さを求めよ.

(1) 曲線 $\boldsymbol{r} = \left(\dfrac{1}{3}t^3,\ t^2,\ 2t\right)$ の点 P(1) から P(2) までの長さ

(2) 曲線 $\boldsymbol{r} = (e^t,\ e^{-t},\ \sqrt{2}t)$ の点 P(0) から P(1) までの長さ

18 ベクトル関数 $\boldsymbol{r} = (u,\ v,\ \sqrt{1 - u^2})$ で表される曲面について, 次を求めよ.

(1) $\dfrac{\partial \boldsymbol{r}}{\partial u} \times \dfrac{\partial \boldsymbol{r}}{\partial v}$ 　　　　(2) $\left|\dfrac{\partial \boldsymbol{r}}{\partial u} \times \dfrac{\partial \boldsymbol{r}}{\partial v}\right|$

(3) $(u,\ v)$ に対応する曲面上の点における単位法線ベクトル

19 次のベクトル関数で表される曲面の面積 S を求めよ.

$$\boldsymbol{r} = (u \cos v,\ u \sin v,\ u) \qquad (D : 0 \leqq u \leqq 1,\ 0 \leqq v \leqq 2\pi)$$

Step up

例題 曲線 $\boldsymbol{r} = \left(t,\ 1-t,\ \dfrac{t^2}{2}\right)$ について，点 $\mathrm{P}(0)$ から $\mathrm{P}(t)\,(t > 0)$ までの曲線の長さを求めよ．

解 曲線の長さを s とおくと，$\dfrac{d\boldsymbol{r}}{dt} = (1,\ -1,\ t)$ より

$$s = \int_0^t \left|\frac{d\boldsymbol{r}}{dt}\right| dt = \int_0^t \sqrt{1+1+t^2}\,dt = \int_0^t \sqrt{t^2+2}\,dt$$

$$= \frac{1}{2}\left[t\sqrt{t^2+2} + 2\log\left|t+\sqrt{t^2+2}\right|\right]_0^t$$

$$= \frac{1}{2}\left\{t\sqrt{t^2+2} + 2\log\left(t+\sqrt{t^2+2}\right) - \log 2\right\} \qquad /\!/$$

20 曲線 $\boldsymbol{r} = (t-\sin 2t,\ 1-\cos 2t,\ 2\sqrt{2}\sin t)$ について，点 $\mathrm{P}(0)$ から $\mathrm{P}(t)\,(t > 0)$ までの曲線の長さを求めよ．

$\cos 2t = 2\cos^2 t - 1$ を用いよ．

例題 ベクトル関数 $\boldsymbol{r} = ((1+\cos u)\cos v,\ (1+\cos u)\sin v,\ \sin u)$

$(D : 0 \leqq u \leqq 2\pi,\ 0 \leqq v \leqq 2\pi)$ で表される曲面の面積 S を求めよ．

解 $\dfrac{\partial \boldsymbol{r}}{\partial u} = (-\sin u \cos v,\ -\sin u \sin v,\ \cos u)$

$\dfrac{\partial \boldsymbol{r}}{\partial v} = (-(1+\cos u)\sin v,\ (1+\cos u)\cos v,\ 0)$ より

$\dfrac{\partial \boldsymbol{r}}{\partial u} \times \dfrac{\partial \boldsymbol{r}}{\partial v} = -(1+\cos u)(\cos u \cos v,\ \cos u \sin v,\ \sin u)$

$\left|\dfrac{\partial \boldsymbol{r}}{\partial u} \times \dfrac{\partial \boldsymbol{r}}{\partial v}\right| = 1+\cos u$

よって

$$S = \iint_D \left|\frac{\partial \boldsymbol{r}}{\partial u} \times \frac{\partial \boldsymbol{r}}{\partial v}\right| du\,dv = \iint_D (1+\cos u)\,du\,dv = 4\pi^2 \qquad /\!/$$

21 $a,\ b$ を正の定数とするとき，zx 平面上の楕円 $\dfrac{x^2}{a^2} + \dfrac{z^2}{b^2} = 1$ を z 軸のまわりに回転してできる楕円面は次のベクトル関数で表される．

$$\boldsymbol{r} = (a\cos u \sin v,\ a\sin u \sin v,\ b\cos v) \quad (0 \leqq u \leqq 2\pi,\ 0 \leqq v \leqq \pi)$$

このとき，次の問いに答えよ．

(1) $\left|\dfrac{\partial \boldsymbol{r}}{\partial u} \times \dfrac{\partial \boldsymbol{r}}{\partial v}\right|$ を求めよ．

(2) $a = 1,\ b = \sqrt{2}$ のとき，楕円面の表面積 S を求めよ．

(2) $\displaystyle\int_\alpha^\beta \sqrt{a^2-t^2}\,dt$
$= \dfrac{1}{2}\left[t\sqrt{a^2-t^2}\right.$
$\left. + a^2 \sin^{-1}\dfrac{t}{a}\right]_\alpha^\beta$
を用いよ．

22 次の曲面について，単位法線ベクトル $\boldsymbol{n}$ および曲面の面積 S を求めよ．

(1) $\boldsymbol{r} = (u\cos v,\ u\sin v,\ v)$ $(D : 0 \leqq u \leqq 1,\ 0 \leqq v \leqq 1)$

(2) $\boldsymbol{r} = \left(u,\ v,\ \dfrac{u^2+v^2}{2}\right)$ $(D : u^2+v^2 \leqq 1)$

(2) 2 重積分の計算では，極座標に変換せよ．

例題 座標空間内の OA, OB, OC を隣り合う 3 辺とする平行六面体において，$\overrightarrow{OA} = \boldsymbol{a}$, $\overrightarrow{OB} = \boldsymbol{b}$, $\overrightarrow{OC} = \boldsymbol{c}$ とする．このとき，次の問いに答えよ．

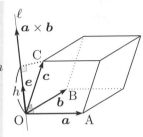

(1) O を通り $\boldsymbol{a}$, $\boldsymbol{b}$ に垂直な直線を ℓ とするとき，$\boldsymbol{c}$ の ℓ への正射影の大きさ h を $\boldsymbol{a}$, $\boldsymbol{b}$, $\boldsymbol{c}$ を用いて表せ．

(2) 平行六面体の体積は，$V = |(\boldsymbol{a} \times \boldsymbol{b}) \cdot \boldsymbol{c}|$ で与えられることを証明せよ．

解 (1) $\boldsymbol{e} = \dfrac{\boldsymbol{a} \times \boldsymbol{b}}{|\boldsymbol{a} \times \boldsymbol{b}|}$ は ℓ に平行な単位ベクトルだから

$$h = |\boldsymbol{e} \cdot \boldsymbol{c}| = \left| \frac{\boldsymbol{a} \times \boldsymbol{b}}{|\boldsymbol{a} \times \boldsymbol{b}|} \cdot \boldsymbol{c} \right| = \frac{|(\boldsymbol{a} \times \boldsymbol{b}) \cdot \boldsymbol{c}|}{|\boldsymbol{a} \times \boldsymbol{b}|}$$

(2) $\boldsymbol{a}$, $\boldsymbol{b}$ がつくる平行四辺形の面積は $S = |\boldsymbol{a} \times \boldsymbol{b}|$ だから

$$V = Sh = |\boldsymbol{a} \times \boldsymbol{b}| \frac{|(\boldsymbol{a} \times \boldsymbol{b}) \cdot \boldsymbol{c}|}{|\boldsymbol{a} \times \boldsymbol{b}|} = |(\boldsymbol{a} \times \boldsymbol{b}) \cdot \boldsymbol{c}|$$ //

23 3 点 A(2, −3, 4), B(1, 2, −1), C(3, −1, 2) について，OA, OB, OC を隣り合う 3 辺とする平行六面体の体積を求めよ．

例題 ベクトル $\boldsymbol{a}$, $\boldsymbol{b}$, $\boldsymbol{c}$ について，次の等式を証明せよ．

$$\boldsymbol{a} \times (\boldsymbol{b} \times \boldsymbol{c}) = (\boldsymbol{a} \cdot \boldsymbol{c})\,\boldsymbol{b} - (\boldsymbol{a} \cdot \boldsymbol{b})\,\boldsymbol{c}$$

解 $\boldsymbol{a} = (a_x, a_y, a_z)$, $\boldsymbol{b} = (b_x, b_y, b_z)$, $\boldsymbol{c} = (c_x, c_y, c_z)$ とおくと

$$\boldsymbol{b} \times \boldsymbol{c} = (b_y c_z - b_z c_y, \ b_z c_x - b_x c_z, \ b_x c_y - b_y c_x)$$

$$\boldsymbol{a} \times (\boldsymbol{b} \times \boldsymbol{c}) = \begin{vmatrix} \boldsymbol{i} & \boldsymbol{j} & \boldsymbol{k} \\ a_x & a_y & a_z \\ b_y c_z - b_z c_y & b_z c_x - b_x c_z & b_x c_y - b_y c_x \end{vmatrix}$$

x 成分について

$$\text{左辺} = a_y(b_x c_y - b_y c_x) - a_z(b_z c_x - b_x c_z)$$

$$= a_y b_x c_y - a_y b_y c_x - a_z b_z c_x + a_z b_x c_z$$

$$\text{右辺} = (\boldsymbol{a} \cdot \boldsymbol{c})b_x - (\boldsymbol{a} \cdot \boldsymbol{b})c_x$$

$$= (a_x c_x + a_y c_y + a_z c_z)b_x - (a_x b_x + a_y b_y + a_z b_z)c_x$$

$$= a_y b_x c_y + a_z b_x c_z - a_y b_y c_x - a_z b_z c_x$$

よって，両辺の x 成分は等しい．y 成分，z 成分についても同様である．//

24 $\boldsymbol{a} \times (\boldsymbol{b} \times \boldsymbol{c}) + \boldsymbol{b} \times (\boldsymbol{c} \times \boldsymbol{a}) + \boldsymbol{c} \times (\boldsymbol{a} \times \boldsymbol{b}) = \boldsymbol{0}$ であることを証明せよ．

25 ベクトル関数 $\boldsymbol{r} = \boldsymbol{r}(t)$ について，$\boldsymbol{r}$, $\dfrac{d\boldsymbol{r}}{dt}$ がともに単位ベクトルならば，次の等式が成り立つことを証明せよ．

$$\boldsymbol{r} \times \left(\frac{d\boldsymbol{r}}{dt} \times \frac{d^2\boldsymbol{r}}{dt^2} \right) = -\frac{d\boldsymbol{r}}{dt}$$

$\boldsymbol{r} \cdot \boldsymbol{r} = |\boldsymbol{r}|^2 = 1$ の両辺を微分せよ．

2　スカラー場とベクトル場

まとめ

φ, ψ をスカラー場, $\boldsymbol{a}$, $\boldsymbol{b}$ をベクトル場とする.

- **勾配**　$\nabla\varphi$, $\mathrm{grad}\,\varphi$

$$\nabla\varphi = \left(\frac{\partial\varphi}{\partial x},\ \frac{\partial\varphi}{\partial y},\ \frac{\partial\varphi}{\partial z}\right) = \frac{\partial\varphi}{\partial x}\boldsymbol{i} + \frac{\partial\varphi}{\partial y}\boldsymbol{j} + \frac{\partial\varphi}{\partial z}\boldsymbol{k}$$

記号 ∇ をナブラと読む.

∇ をハミルトンの演算子という.

$$\nabla = \left(\frac{\partial}{\partial x},\ \frac{\partial}{\partial y},\ \frac{\partial}{\partial z}\right) = \boldsymbol{i}\frac{\partial}{\partial x} + \boldsymbol{j}\frac{\partial}{\partial y} + \boldsymbol{k}\frac{\partial}{\partial z}$$

f が 1 変数の関数のとき

$$\nabla(\varphi + \psi) = \nabla\varphi + \nabla\psi$$

$$\nabla(\varphi\psi) = (\nabla\varphi)\psi + \varphi(\nabla\psi)$$

$$\nabla f(\varphi) = f'(\varphi)\nabla\varphi$$

任意の単位ベクトル $\boldsymbol{e}$ 方向への方向微分係数は　$(\nabla\varphi)\cdot\boldsymbol{e}$

- **発散**　$\nabla\cdot\boldsymbol{a}$, $\mathrm{div}\,\boldsymbol{a}$

$$\nabla\cdot\boldsymbol{a} = \left(\frac{\partial}{\partial x},\ \frac{\partial}{\partial y},\ \frac{\partial}{\partial z}\right)\cdot(a_x,\ a_y,\ a_z)$$

$$= \frac{\partial a_x}{\partial x} + \frac{\partial a_y}{\partial y} + \frac{\partial a_z}{\partial z}$$

- **回転**　$\nabla\times\boldsymbol{a}$, $\mathrm{rot}\,\boldsymbol{a}$, $\mathrm{curl}\,\boldsymbol{a}$

$$\nabla\times\boldsymbol{a} = \begin{vmatrix} \boldsymbol{i} & \boldsymbol{j} & \boldsymbol{k} \\ \dfrac{\partial}{\partial x} & \dfrac{\partial}{\partial y} & \dfrac{\partial}{\partial z} \\ a_x & a_y & a_z \end{vmatrix}$$

$$= \left(\frac{\partial a_z}{\partial y} - \frac{\partial a_y}{\partial z},\ \frac{\partial a_x}{\partial z} - \frac{\partial a_z}{\partial x},\ \frac{\partial a_y}{\partial x} - \frac{\partial a_x}{\partial y}\right)$$

- **発散と回転の公式**

$$\nabla\cdot(\boldsymbol{a} + \boldsymbol{b}) = \nabla\cdot\boldsymbol{a} + \nabla\cdot\boldsymbol{b} \qquad \nabla\times(\boldsymbol{a} + \boldsymbol{b}) = \nabla\times\boldsymbol{a} + \nabla\times\boldsymbol{b}$$

$$\nabla\cdot(\varphi\boldsymbol{a}) = (\nabla\varphi)\cdot\boldsymbol{a} + \varphi(\nabla\cdot\boldsymbol{a}) \qquad \nabla\times(\varphi\boldsymbol{a}) = (\nabla\varphi)\times\boldsymbol{a} + \varphi(\nabla\times\boldsymbol{a})$$

$$\nabla\times(\nabla\varphi) = \boldsymbol{0} \qquad\qquad\qquad \nabla\cdot(\nabla\times\boldsymbol{a}) = 0$$

- **位置ベクトルに関する性質**

$\boldsymbol{r} = (x, y, z)$, $r = |\boldsymbol{r}|$ とするとき

$$\nabla r = \frac{\boldsymbol{r}}{r} \qquad \nabla\cdot\boldsymbol{r} = 3 \qquad \nabla\times\boldsymbol{r} = \boldsymbol{0}$$

- **ラプラシアン**　$\nabla\cdot\nabla$, ∇^2, Δ

$$\nabla\cdot\nabla\varphi = \left(\frac{\partial}{\partial x},\ \frac{\partial}{\partial y},\ \frac{\partial}{\partial z}\right)\cdot\left(\frac{\partial\varphi}{\partial x},\ \frac{\partial\varphi}{\partial y},\ \frac{\partial\varphi}{\partial z}\right) = \frac{\partial^2\varphi}{\partial x^2} + \frac{\partial^2\varphi}{\partial y^2} + \frac{\partial^2\varphi}{\partial z^2}$$

Basic

26 スカラー場 $\varphi = xy^3 - yz^2$ と点 $\mathrm{P}(1,\ 1,\ -1)$ について，次を求めよ． →教 p.19 問·1

(1) $(\nabla\varphi)_{\mathrm{P}}$

(2) $(\nabla\varphi)_{\mathrm{P}}$ と同じ向きの単位ベクトル $\boldsymbol{n}$

(3) 点 P における $\boldsymbol{n}$ の方向への方向微分係数

(4) 点 P における $\boldsymbol{a} = (1,\ -1,\ 2)$ の方向への方向微分係数

27 $\varphi,\ \psi$ がスカラー場，$a,\ b$ が定数のとき，次の等式が成り立つことを証明せよ． →教 p.20 問·2
$$\nabla(a\varphi + b\psi) = a\,\nabla\varphi + b\,\nabla\psi$$

28 次のスカラー場の勾配を求めよ． →教 p.20 問·3

(1) $\varphi = \dfrac{1}{xyz}$　　　　　　　　(2) $\varphi = \dfrac{x}{y + z}$

29 次のベクトル場の発散と回転を求めよ． →教 p.21 問·4

(1) $\boldsymbol{a} = (x + yz^2,\ xy^2,\ y - z)$　　(2) $\boldsymbol{b} = (yz + zx,\ zx + xy,\ xy + yz)$

30 次のベクトル場の発散と回転を求めよ． →教 p.22 問·5
$$\boldsymbol{a} = e^{xy}(x,\ y,\ z^2)$$
→教 p.21 公式 (II)

31 φ をスカラー場とするとき，$\nabla \times (\varphi\,\nabla\varphi) = \boldsymbol{0}$ が成り立つことを $\varphi = x^2yz$ の →教 p.22 問·6
場合について確かめよ．

32 $\boldsymbol{r} = (x,\ y,\ z),\ r = |\boldsymbol{r}|$ のとき，次を求めよ．ただし，$\boldsymbol{r} \neq \boldsymbol{0}$ とする． →教 p.23 問·7

(1) $\nabla\left(\dfrac{1}{r^2}\right)$　　　　(2) $\nabla \cdot \left(\dfrac{\boldsymbol{r}}{r^2}\right)$　　　　(3) $\nabla \times \dfrac{\boldsymbol{r}}{r^2}$

33 次のスカラー場 φ について，$\nabla^2\varphi$ を求めよ． →教 p.23 問·8

(1) $\varphi = xyz^3 + y^2z$　　　　　　(2) $\varphi = \sqrt{x^2 + y^2 + z^2}$

34 スカラー場 $\varphi = x^2 \log y + x \sin 2z$ と点 $\mathrm{P}(-1,\ 1,\ 0)$ について，次を求めよ．

  (1) $(\nabla \varphi)_{\mathrm{P}}$

  (2) 点 P における $(\nabla \varphi)_{\mathrm{P}}$ の方向への方向微分係数

  (3) 点 P における $\boldsymbol{a} = (1,\ 1,\ 1)$ の方向への方向微分係数

35 φ がスカラー場のとき，次の等式が成り立つことを証明せよ．

$$\nabla \varphi^2 = 2\varphi \, \nabla \varphi$$

36 次のスカラー場の勾配を求めよ．

  (1) $\varphi = \left(e^{3x-y} + z\right)^2$ (2) $\varphi = \dfrac{\sin(xy)}{\cos z}$

37 次のベクトル場の発散と回転を求めよ．

  (1) $\boldsymbol{a} = (xy^3,\ yz,\ -xz^2)$ (2) $\boldsymbol{b} = \left(-\dfrac{y}{x^2+y^2},\ \dfrac{x}{x^2+y^2},\ 0\right)$

38 $\boldsymbol{a} = (x^2z,\ -xy,\ y^2z)$ のとき，次を求めよ．

  (1) $\nabla(\nabla \cdot \boldsymbol{a})$ (2) $\nabla \times (\nabla \times \boldsymbol{a})$

39 $\boldsymbol{r} = (x,\ y,\ z),\ r = |\boldsymbol{r}|$ のとき，次を求めよ．ただし，$\boldsymbol{r} \neq \boldsymbol{0}$ とする．

  (1) $\nabla\left(\dfrac{1}{r^3}\right)$ (2) $\nabla \cdot \left(\dfrac{\boldsymbol{r}}{r^3}\right)$ (3) $\nabla \times \dfrac{\boldsymbol{r}}{r^3}$

40 次のスカラー場 φ について，$\nabla^2 \varphi$ を求めよ．

  (1) $\varphi = x^2yz + xy^2z + xyz^2$ (2) $\varphi = x \sin(y + 2z)$

Check

Step up

例題 φ, ψ をスカラー場とするとき，次の等式が成り立つことを証明せよ.

$$\nabla \cdot (\varphi \nabla \psi) = \nabla \varphi \cdot \nabla \psi + \varphi \nabla^2 \psi$$

解 $\nabla \cdot (\varphi \nabla \psi) = \nabla \varphi \cdot \nabla \psi + \varphi (\nabla \cdot \nabla \psi) = \nabla \varphi \cdot \nabla \psi + \varphi \nabla^2 \psi$ //

41 φ, ψ をスカラー場とするとき，次の等式が成り立つことを証明せよ.

$$\nabla \cdot (\varphi \nabla \psi - \psi \nabla \varphi) = \varphi \nabla^2 \psi - \psi \nabla^2 \varphi$$

42 $\boldsymbol{r} = (x, y, z)$ と定ベクトル $\boldsymbol{c}$ について，$\boldsymbol{v} = \boldsymbol{c} \times \boldsymbol{r}$ とおくとき，$\nabla \times \boldsymbol{v} = 2\boldsymbol{c}$ であることを証明せよ.

43 関数 $u = u(x, y, z)$ について，$\boldsymbol{a} = (xu, -yu, 0)$ とおく. 任意の x, y, z に対して $\nabla \cdot \boldsymbol{a} = 0$, $\nabla \times \boldsymbol{a} = \boldsymbol{0}$ ならば，u は定数関数であることを証明せよ.

例題 ベクトル場 $\boldsymbol{a} = (a_x, a_y, a_z)$ のラプラシアンを

$$\nabla^2 \boldsymbol{a} = \nabla \cdot \nabla \boldsymbol{a} = (\nabla^2 a_x, \nabla^2 a_y, \nabla^2 a_z)$$

で定義するとき，次の等式が成り立つことを証明せよ.

$$\nabla \times (\nabla \times \boldsymbol{a}) = \nabla (\nabla \cdot \boldsymbol{a}) - \nabla^2 \boldsymbol{a}$$

解 $\nabla \times \boldsymbol{a} = (b_x, b_y, b_z)$ とおくと

$$b_x = \frac{\partial a_z}{\partial y} - \frac{\partial a_y}{\partial z}, \ b_y = \frac{\partial a_x}{\partial z} - \frac{\partial a_z}{\partial x}, \ b_z = \frac{\partial a_y}{\partial x} - \frac{\partial a_x}{\partial y}$$

証明する等式の左辺の x 成分は

$$\frac{\partial b_z}{\partial y} - \frac{\partial b_y}{\partial z} = \frac{\partial}{\partial y}\left(\frac{\partial a_y}{\partial x} - \frac{\partial a_x}{\partial y}\right) - \frac{\partial}{\partial z}\left(\frac{\partial a_x}{\partial z} - \frac{\partial a_z}{\partial x}\right)$$

$$= \frac{\partial^2 a_y}{\partial x \partial y} - \frac{\partial^2 a_x}{\partial y^2} - \frac{\partial^2 a_x}{\partial z^2} + \frac{\partial^2 a_z}{\partial z \partial x}$$

また，右辺の x 成分は

$$\frac{\partial}{\partial x}(\nabla \cdot \boldsymbol{a}) - \nabla^2 a_x$$

$$= \frac{\partial}{\partial x}\left(\frac{\partial a_x}{\partial x} + \frac{\partial a_y}{\partial y} + \frac{\partial a_z}{\partial z}\right) - \left(\frac{\partial^2 a_x}{\partial x^2} + \frac{\partial^2 a_x}{\partial y^2} + \frac{\partial^2 a_x}{\partial z^2}\right)$$

$$= \frac{\partial^2 a_y}{\partial x \partial y} - \frac{\partial^2 a_x}{\partial y^2} - \frac{\partial^2 a_x}{\partial z^2} + \frac{\partial^2 a_z}{\partial z \partial x}$$

これらから両辺の x 成分は等しい. y 成分，z 成分についても同様である. //

44 c は正の定数で，時刻 t に依存するベクトル場 $\boldsymbol{H}(x, y, z, t)$，$\boldsymbol{E}(x, y, z, t)$ は

$$\nabla \times \boldsymbol{H} = \frac{1}{c}\frac{\partial \boldsymbol{E}}{\partial t} \ , \ \nabla \times \boldsymbol{E} = -\frac{1}{c}\frac{\partial \boldsymbol{H}}{\partial t} \ , \ \nabla \cdot \boldsymbol{H} = 0$$

を満たすとする. このとき，次の等式が成り立つことを証明せよ.

$$\nabla^2 \boldsymbol{H} = \frac{1}{c^2}\frac{\partial^2 \boldsymbol{H}}{\partial t^2}$$

x, y, z は t と独立な変数であることに注意せよ.

③ 線積分・面積分

まとめ

- **線積分**　スカラー場 φ, ベクトル場 $\boldsymbol{a}$ について

  ○ $\boldsymbol{r}(t) = \big(x(t),\ y(t),\ z(t)\big)$ $(a \leqq t \leqq b)$ の表す曲線 C に沿う線積分は

  $$\int_C \varphi\,ds = \int_a^b \varphi\big(x(t),\ y(t),\ z(t)\big)\frac{ds}{dt}\,dt \quad \left(\frac{ds}{dt} = \left|\frac{d\boldsymbol{r}}{dt}\right|\right)$$

  $$\int_C \varphi\,dx = \int_a^b \varphi\big(x(t),\ y(t),\ z(t)\big)\frac{dx}{dt}\,dt \quad (y,\ z\ \text{成分についても同様})$$

  $$\int_C \boldsymbol{a}\cdot d\boldsymbol{r} = \int_a^b \boldsymbol{a}\cdot\frac{d\boldsymbol{r}}{dt}\,dt$$

  ○ $C_1,\ C_2$ をつなぐ曲線を C_1+C_2, C と逆向きの曲線を $-C$ とするとき

  $$\int_{C_1+C_2}\boldsymbol{a}\cdot d\boldsymbol{r} = \int_{C_1}\boldsymbol{a}\cdot d\boldsymbol{r} + \int_{C_2}\boldsymbol{a}\cdot d\boldsymbol{r}, \quad \int_{-C}\boldsymbol{a}\cdot d\boldsymbol{r} = -\int_C \boldsymbol{a}\cdot d\boldsymbol{r}$$

- **面積分**　領域 D で定義された $\boldsymbol{r}(u,\ v)$ の表す曲面 S について

  ○ スカラー場 φ の S 上の面積分は

  $$\int_S \varphi\,dS = \iint_D \varphi\big(x(u,v),\ y(u,v),\ z(u,v)\big)\left|\frac{\partial\boldsymbol{r}}{\partial u}\times\frac{\partial\boldsymbol{r}}{\partial v}\right|dudv$$

  特に, $\varphi = 1$ のとき, 上の積分は S の面積である.

  ○ S 上の点 P における単位法線ベクトルを $\boldsymbol{n}$ とするとき

  $$\int_S \boldsymbol{a}\cdot\boldsymbol{n}\,dS = \iint_D \boldsymbol{a}\cdot\boldsymbol{n}\left|\frac{\partial\boldsymbol{r}}{\partial u}\times\frac{\partial\boldsymbol{r}}{\partial v}\right|dudv$$

- **グリーンの定理**　関数 $F(x,\ y)$, $G(x,\ y)$ について

  $$\int_C (F\,dx + G\,dy) = \iint_D \left(\frac{\partial G}{\partial x} - \frac{\partial F}{\partial y}\right)dxdy$$

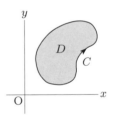

- **体積分**　スカラー場 φ の立体 V についての体積分

  $$\int_V \varphi\,dV = \iiint_V \varphi\,dxdydz$$

  特に, $\varphi = 1$ のとき, 上の積分は V の体積である.

- **発散定理**

  閉曲面 S で囲まれた立体を V とし, $\boldsymbol{n}$ が S の外側を向くとき

  $$\int_V \nabla\cdot\boldsymbol{a}\,dV = \int_S \boldsymbol{a}\cdot\boldsymbol{n}\,dS$$

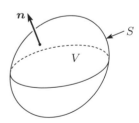

- **ストークスの定理**

  空間内に図のように S, C, $\boldsymbol{n}$ をとるとき, ベクトル場 $\boldsymbol{a}$ について

  $$\int_S (\nabla\times\boldsymbol{a})\cdot\boldsymbol{n}\,dS = \int_C \boldsymbol{a}\cdot d\boldsymbol{r}$$

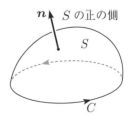

Basic

45 曲線 $C : \boldsymbol{r}(t) = \left(t^3,\ t^2,\ \dfrac{2}{3}t\right)$ $(0 \leqq t \leqq 1)$ に沿う次の線積分の値を求めよ. ➡️ 教 p.27 問·1

(1) $\displaystyle\int_C (x + 3yz)\, ds$ 　　　　(2) $\displaystyle\int_C (x + 3yz)\, dz$

46 ベクトル関数 $\boldsymbol{r}(t) = (t,\ 2t - 1,\ t^2)$ $(0 \leqq t \leqq 1)$ で表される曲線を C とするとき, ベクトル場 $\boldsymbol{a} = (yz,\ x^2,\ y + z)$ の C に沿う線積分の値を求めよ. ➡️ 教 p.29 問·2

47 ベクトル関数 $\boldsymbol{r}(t) = (\cos t,\ \sin t,\ 1)$ $(0 \leqq t \leqq \pi)$ で表される曲線を C とするとき, ベクトル場 $\boldsymbol{a} = (x - z,\ y - z,\ x + y - z)$ の C に沿う線積分の値を求めよ. ➡️ 教 p.29 問·3

48 次のベクトル関数で表される曲線 C_1, C_2 がある. ➡️ 教 p.30 問·4

$C_1 : \boldsymbol{r}(t) = (t,\ 0,\ 0)$ 　　　　$(-1 \leqq t \leqq 1)$

$C_2 : \boldsymbol{r}(t) = (\cos t,\ \sin t,\ 0)$ 　　$(0 \leqq t \leqq \pi)$

ベクトル場 $\boldsymbol{a} = (x^2 + 2z,\ 2x,\ y + z^2)$ について, 次の線積分の値を求めよ.

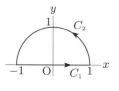

(1) $\displaystyle\int_{-C_1} \boldsymbol{a} \cdot d\boldsymbol{r}$ 　　　　(2) $\displaystyle\int_{C_1 + C_2} \boldsymbol{a} \cdot d\boldsymbol{r}$

49 ベクトル関数 $\boldsymbol{r}(u, v) = (u,\ v,\ 3 - 2u - 2v)$ $(D : 0 \leqq u \leqq 1,\ 0 \leqq v \leqq 1)$ で表される曲面 S について, 次の問いに答えよ. ➡️ 教 p.33 問·5

(1) スカラー場 $\varphi = xyz$ の S 上の面積分の値を求めよ.

(2) 曲面 S の面積を求めよ.

50 ベクトル関数 $\boldsymbol{r}(u, v) = \left(u - v,\ u + v,\ \dfrac{u^2 + v^2}{2}\right)$ $(D : 0 \leqq u \leqq 1,\ 0 \leqq v \leqq 1)$ の表す曲面を S とし, S の単位法線ベクトル $\boldsymbol{n}$ の z 成分を正にとるとき, ベクトル場 $\boldsymbol{a} = (y,\ x,\ z)$ の S 上の面積分の値を求めよ. ➡️ 教 p.34 問·6 問·7

51 C を xy 平面上の原点 O と 3 点 $(1, 0)$, $(1, 1)$, $(0, 1)$ を順に結んでできる正方形の周とする. このとき, 次の線積分を 2 重積分に直してその値を求めよ. ➡️ 教 p.36 問·8 問·9

$$\int_C \{xy^2\, dx + (3x + y)\, dy\}$$

52 平面 $x = 0$, $x = 1$, $y = 0$, $y = 2$, $z = 0$, $z = 3$ で囲まれる立体の表面を S とするとき, ベクトル場 $\boldsymbol{a} = (x^2 z,\ x - y,\ yz)$ の S 上の面積分の値を求めよ. ➡️ 教 p.39 問·10 問·11

53 S を半球面 $x^2 + y^2 + z^2 = 4$ $(z \geqq 0)$ とし, S の単位法線ベクトル $\boldsymbol{n}$ は球面から外向きとする. S の境界を $C : \boldsymbol{r}(t) = (2\cos t,\ 2\sin t,\ 0)$ $(0 \leqq t \leqq 2\pi)$ とするとき, ベクトル場 $\boldsymbol{a} = (x + z,\ x + y,\ z^2)$ について, $\displaystyle\int_S (\nabla \times \boldsymbol{a}) \cdot \boldsymbol{n}\, dS$ を求めよ. ➡️ 教 p.42 問·12 問·13

Check

54 曲線 $C : \boldsymbol{r}(t) = \boldsymbol{r}(t) = (3\cos t,\ 3\sin t,\ 1)\ (0 \leqq t \leqq \pi)$ に沿う次の線積分の値を求めよ.

(1) $\displaystyle\int_C (xy + z)\,ds$ 　　　　　　　(2) $\displaystyle\int_C (xy + z)\,dx$

55 ベクトル関数 $\boldsymbol{r}(t) = (t,\ t^2,\ t^3)\ (0 \leqq t \leqq 1)$ で表される曲線を C とするとき, ベクトル場 $\boldsymbol{a} = (z,\ y,\ x)$ の C に沿う線積分の値を求めよ.

56 次のベクトル関数で表される曲線 C_1, C_2 がある.

$$C_1 : \boldsymbol{r}(t) = (t,\ 1 - t,\ 0) \qquad\quad (0 \leqq t \leqq 1)$$
$$C_2 : \boldsymbol{r}(t) = (\cos t,\ \sin t,\ 0) \qquad \left(0 \leqq t \leqq \frac{\pi}{2}\right)$$

ベクトル場 $\boldsymbol{a} = (x^2 - y,\ xy + z,\ y^2 z)$ について, 次の線積分の値を求めよ.

(1) $\displaystyle\int_{-C_1} \boldsymbol{a} \cdot d\boldsymbol{r}$ 　　　　　　(2) $\displaystyle\int_{C_1 + C_2} \boldsymbol{a} \cdot d\boldsymbol{r}$

57 ベクトル関数 $\boldsymbol{r}(u,\ v) = (2\cos u,\ 2\sin u,\ v)\ (D : 0 \leqq u \leqq 2\pi,\ 0 \leqq v \leqq 1)$ で表される曲面 S について, 次の問いに答えよ.

(1) スカラー場 $\varphi = x + y + z$ の S 上の面積分の値を求めよ.

(2) 曲面 S の面積を求めよ.

58 ベクトル関数 $\boldsymbol{r}(u,\ v) = (u,\ v,\ 6 - 3u)\ (D : 0 \leqq u \leqq 2,\ 0 \leqq v \leqq 1)$ の表す曲面を S とし, S の単位法線ベクトル $\boldsymbol{n}$ の z 成分を正にとるとき, ベクトル場 $\boldsymbol{a} = (xy,\ z^2,\ z - x)$ の S 上の面積分の値を求めよ.

59 C を xy 平面上の原点 O と 2 点 $(1,\ 0)$, $(0,\ 1)$ を順に結んでできる三角形の周とする. このとき, 次の線積分を 2 重積分に直してその値を求めよ.

$$\int_C \{(xy + y^2 - 1)\,dx + (x^2 + 4xy + 3)\,dy\}$$

60 原点 O と 3 点 $(1,\ 0,\ 0)$, $(0,\ 1,\ 0)$, $(0,\ 0,\ 1)$ を頂点とする三角錐の表面を S とするとき, ベクトル場 $\boldsymbol{a} = (x - xz,\ y - yz,\ z^2 - xy)$ の S 上の面積分の値を求めよ.

61 S を球面 $x^2 + y^2 + z^2 = 4$ の $z \geqq 1$ の部分とし, S の単位法線ベクトル $\boldsymbol{n}$ は球面から外向きとする. S の境界を

$$C : \boldsymbol{r}(t) = (\sqrt{3}\cos t,\ \sqrt{3}\sin t,\ 1)\ (0 \leqq t \leqq 2\pi)$$

とするとき, ベクトル場 $\boldsymbol{a} = (yz,\ y + z,\ x^3)$ について, $\displaystyle\int_S (\nabla \times \boldsymbol{a}) \cdot \boldsymbol{n}\,dS$ を求めよ.

Step up

例題 xy 平面上の単純閉曲線 C で囲まれる図形の面積 S は

$$S = \frac{1}{2}\int_C (x\,dy - y\,dx)$$

で表される．次の曲線 C で囲まれる図形の面積 S を求めよ．

$$C : \boldsymbol{r}(t) = ((1 + \cos t)\cos t,\ (1 + \cos t)\sin t,\ 0) \quad (0 \leqq t \leqq 2\pi)$$

解 $\dfrac{dx}{dt} = -\sin t \cos t - (1 + \cos t)\sin t = -\sin t - \sin 2t$

$\dfrac{dy}{dt} = -\sin t \sin t + (1 + \cos t)\cos t = \cos t + \cos 2t$

よって

$$S = \frac{1}{2}\int_0^{2\pi}\left(x\frac{dy}{dt} - y\frac{dx}{dt}\right)dt$$

$$= \frac{1}{2}\int_0^{2\pi}\Big\{(1 + \cos t)(\cos t + \cos 2t)\cos t$$

$$+ (1 + \cos t)(\sin t + \sin 2t)\sin t\Big\}dt$$

$$= \frac{1}{2}\int_0^{2\pi}(1 + \cos t)(\cos^2 t + \sin^2 t + \cos 2t \cos t + \sin 2t \sin t)\,dt$$

$$= \frac{1}{2}\int_0^{2\pi}(1 + \cos t)(1 + \cos t)\,dt$$

$$= \frac{1}{2}\int_0^{2\pi}\left(1 + 2\cos t + \frac{1 + \cos 2t}{2}\right)dt = \frac{3}{2}\pi \qquad \text{//}$$

62 次の xy 平面上の単純閉曲線 C で囲まれる図形の面積 S を求めよ．

$$C : \boldsymbol{r}(t) = (\cos^3 t,\ \sin^3 t,\ 0) \quad (0 \leqq t \leqq 2\pi)$$

63 xy 平面上において，$0 \leqq x \leqq 2$，$y \geqq 0$，$y^2 \leqq 2x$ で表される領域 S の境界を　グリーンの定理を用いよ．

C とするとき，次の線積分の値を求めよ．

$$\int_C \left\{(x^2 - 2xy)\,dx + (x^2 y + 3)\,dy\right\}$$

例題 閉曲面 S で囲まれた立体を V とし，S の外向きの単位法線ベクトルを $\boldsymbol{n}$ と

するとき，ベクトル場 $\boldsymbol{a}$ について，次の等式を証明せよ

$$\int_S (\nabla \times \boldsymbol{a})\cdot \boldsymbol{n}\,dS = 0$$

解 発散定理と $\nabla \cdot (\nabla \times \boldsymbol{a}) = 0$ より

$$\int_S (\nabla \times \boldsymbol{a})\cdot \boldsymbol{n}\,dS = \int_V \nabla \cdot (\nabla \times \boldsymbol{a})\,dV$$

$$= \int_V 0\,dV = 0 \qquad \text{//}$$

64 4 平面 $x = 0$, $y = 0$, $z = 0$, $x + y + z = 1$ で囲まれた立体 V の表面のうち xy 平面上の面を除いた部分を S とする. また, $\boldsymbol{n}$ を S の外向きの単位法線ベクトルとする. このとき, $\boldsymbol{a} = (xy, \ -z, \ x^2z)$ について, $\displaystyle\int_S (\nabla \times \boldsymbol{a}) \cdot \boldsymbol{n}\, dS$ の値を求めよ.

S の境界は 3 点 $(0,0,0)$, $(1,0,0)$, $(0,1,0)$ を結ぶ三角形の周であることとストークスの定理を用いよ.

例題 原点と 2 点 $(1, 0, 0)$, $(1, 1, 0)$ を順に結んでできる三角形の周を C とするとき, $\boldsymbol{a} = (x^2 + y, \ x^2 + 2z, \ 2y)$ について, $\displaystyle I = \int_C \boldsymbol{a} \cdot d\boldsymbol{r}$ を求めよ.

解　C で囲まれた領域を S とし, S の単位法線ベクトルを $\boldsymbol{n}$ とする.

ストークスの定理より

$$I = \int_C \boldsymbol{a} \cdot d\boldsymbol{r} = \int_S (\nabla \times \boldsymbol{a}) \cdot \boldsymbol{n}\, dS$$

ここで, $\boldsymbol{n} = \boldsymbol{k} = (0, \ 0, \ 1)$ だから

$$(\nabla \times \boldsymbol{a}) \cdot \boldsymbol{n} = (0, \ 0, \ 2x - 1) \cdot \boldsymbol{k} = 2x - 1$$

また, 領域 S は $0 \leqq x \leqq 1$, $0 \leqq y \leqq x$ と表されるから

$$I = \int_0^1 \left\{ \int_0^x (2x - 1)dy \right\} dx = \int_0^1 (2x - 1)\, x\, dx = \frac{1}{6} \qquad /\!/$$

65 xy 平面上において, $x^2 + y^2 \leqq 1$, $y \geqq 0$ で表される領域 S の境界を C とするとき, $\boldsymbol{a} = \big(\cos y, \ x(y - \sin y), \ z\big)$ について, $\displaystyle\int_C \boldsymbol{a} \cdot d\boldsymbol{r}$ を求めよ.

Plus

1──曲率・曲率半径

曲線 $\boldsymbol{r}(t)$ 上の定点 $\mathrm{P}(a)$ から点 $\mathrm{P}(t)$ までの曲線の長さを s とすると, $t>a$ のとき

$$s = \int_a^t \left| \frac{d\boldsymbol{r}}{dt} \right| dt$$

t で微分すると

$$\frac{ds}{dt} = \left| \frac{d\boldsymbol{r}}{dt} \right| \tag{1}$$

$\dfrac{d\boldsymbol{r}}{dt} \neq \boldsymbol{0}$ のとき $\dfrac{ds}{dt} > 0$ だから, s は t の単調増加関数である. s の値を与えると t の値が定まるから, $\boldsymbol{r}$ を s のベクトル関数とみることもできる. このとき

$$\frac{d\boldsymbol{r}}{ds} = \frac{\dfrac{d\boldsymbol{r}}{dt}}{\dfrac{ds}{dt}} = \frac{\dfrac{d\boldsymbol{r}}{dt}}{\left| \dfrac{d\boldsymbol{r}}{dt} \right|} = \boldsymbol{t}$$

したがって, $\dfrac{d\boldsymbol{r}}{ds}$ は単位接線ベクトル $\boldsymbol{t}$ である. また

$$\frac{d\boldsymbol{t}}{ds} = \frac{\dfrac{d\boldsymbol{t}}{dt}}{\dfrac{ds}{dt}} = \frac{\dfrac{d\boldsymbol{t}}{dt}}{\left| \dfrac{d\boldsymbol{r}}{dt} \right|}$$

は, 曲線に沿って単位の長さだけ動いたとき, 単位接線ベクトル $\boldsymbol{t}$ がどれだけ変化するかを表すベクトルである. このベクトルの大きさを**曲率**といい, κ で表す. また曲率の逆数を**曲率半径**といい, ρ で表す. すなわち

$$\kappa = \left| \frac{d\boldsymbol{t}}{ds} \right| = \left| \frac{d^2\boldsymbol{r}}{ds^2} \right|$$

$$\rho = \frac{1}{\kappa}$$

例 1 xy 平面上の円 $\boldsymbol{r} = (a\cos t,\ a\sin t,\ 0)\ (a>0)$ 上の点 P において

$$\frac{d\boldsymbol{r}}{dt} = (-a\sin t,\ a\cos t, 0), \left| \frac{d\boldsymbol{r}}{dt} \right| = a, \boldsymbol{t} = (-\sin t,\ \cos t,\ 0)$$

$$\frac{d\boldsymbol{t}}{dt} = (-\cos t,\ -\sin t,\ 0), \left| \frac{d\boldsymbol{t}}{dt} \right| = 1$$

したがって, 点 P における曲率 κ と曲率半径 ρ は, それぞれ

$$\kappa = \frac{\left| \dfrac{d\boldsymbol{t}}{dt} \right|}{\left| \dfrac{d\boldsymbol{r}}{dt} \right|} = \frac{1}{a}, \ \rho = \frac{1}{\kappa} = a \tag{2}$$

66 曲線 $\boldsymbol{r} = (a\cos t,\ a\sin t,\ bt)$ について, この曲線上の点における曲率 κ と曲率半径 ρ を求めよ. ただし, $a>0$ とする.

2——主法線ベクトルと従法線ベクトル

単位接線ベクトル

$$
\boldsymbol{t} = \frac{\boldsymbol{r}'(t)}{|\boldsymbol{r}'(t)|} = \frac{\dfrac{d\boldsymbol{r}}{dt}}{\left|\dfrac{d\boldsymbol{r}}{dt}\right|} \tag{3}
$$

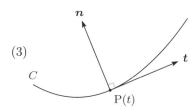

について

$$
\boldsymbol{t} \cdot \boldsymbol{t} = |\boldsymbol{t}|^2 = 1
$$

両辺を微分すると

$$
\boldsymbol{t}' \cdot \boldsymbol{t} + \boldsymbol{t} \cdot \boldsymbol{t}' = 0 \quad \text{したがって} \quad \boldsymbol{t}' \cdot \boldsymbol{t} = 0
$$

すなわち，$\boldsymbol{t}' \neq \boldsymbol{0}$ のとき，$\boldsymbol{t}'$ は $\boldsymbol{t}$ に垂直なベクトルである．

一般に，曲線上の点 P における接線に垂直なベクトルをこの曲線の P における**法線ベクトル** という．特に，$\boldsymbol{t}'$ と同じ向きの単位ベクトルを**単位主法線ベクトル** といい，$\boldsymbol{n}$ で表す．

$$
\boldsymbol{n} = \frac{\boldsymbol{t}'}{|\boldsymbol{t}'|} = \frac{\dfrac{d\boldsymbol{t}}{dt}}{\left|\dfrac{d\boldsymbol{t}}{dt}\right|} \tag{4}
$$

例題 曲線 $\boldsymbol{r} = (a\cos t,\ a\sin t,\ bt)$ について，この曲線上の点における単位主法線ベクトル $\boldsymbol{n}$ を求めよ．ただし，a, b は正の定数とする．

解 　$\boldsymbol{r}' = (-a\sin t,\ a\cos t,\ b)$

$|\boldsymbol{r}'| = \sqrt{(-a\sin t)^2 + (a\cos t)^2 + b^2}$

$\quad = \sqrt{a^2 + b^2}$

(3) より

$$
\boldsymbol{t} = \frac{1}{\sqrt{a^2 + b^2}}(-a\sin t,\ a\cos t,\ b)
$$

よって

$$
\boldsymbol{t}' = \frac{1}{\sqrt{a^2 + b^2}}(-a\cos t,\ -a\sin t,\ 0)
$$

$$
|\boldsymbol{t}'| = \frac{1}{\sqrt{a^2 + b^2}}\sqrt{(-a\cos t)^2 + (-a\sin t)^2 + 0^2} = \frac{a}{\sqrt{a^2 + b^2}}
$$

(4) より　$\boldsymbol{n} = \dfrac{1}{a}(-a\cos t,\ -a\sin t,\ 0) = (-\cos t,\ -\sin t,\ 0)$　　　//

67 曲線 $\boldsymbol{r} = \left(t + \dfrac{t^3}{3},\ t^2,\ t - \dfrac{t^3}{3}\right)$ について，この曲線上の点における単位接線ベクトル $\boldsymbol{t}$ と単位主法線ベクトル $\boldsymbol{n}$ を求めよ．

曲線 $\boldsymbol{r} = \boldsymbol{r}(t)$ 上の点 P(t) における単位接線ベクトル $\boldsymbol{t}$, 単位主法線ベクトル $\boldsymbol{n}$ に対し

$$\boldsymbol{b} = \boldsymbol{t} \times \boldsymbol{n}$$

で表される単位ベクトル $\boldsymbol{b}$ を**単位従法線ベクトル**という. $\boldsymbol{t}, \boldsymbol{n}, \boldsymbol{b}$ は互いに垂直で

$$\boldsymbol{t} = \boldsymbol{n} \times \boldsymbol{b}, \boldsymbol{n} = \boldsymbol{b} \times \boldsymbol{t}$$

が成り立つ.

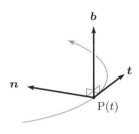

3—速度ベクトルと加速度ベクトル

ベクトル関数の微分の物理的な意味を考えよう.

t が時間変数のとき, $\boldsymbol{r} = \boldsymbol{r}(t)$ は動点 P(t) の位置ベクトルである. $\dfrac{d\boldsymbol{r}}{dt}$ を**速度ベクトル** または速度といい, $\boldsymbol{v}$ で表す. その大きさ $|\boldsymbol{v}|$ を**速さ**といい, v で表す.

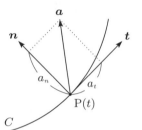

$$\boldsymbol{v} = \frac{d\boldsymbol{r}}{dt} \ , \quad v = |\boldsymbol{v}| = \left| \frac{d\boldsymbol{r}}{dt} \right| \tag{5}$$

(3) より

$$\boldsymbol{t} = \frac{\boldsymbol{v}}{v} \quad \text{すなわち} \quad \boldsymbol{v} = v\boldsymbol{t} \tag{6}$$

が成り立ち, $\boldsymbol{v}$ は $\boldsymbol{t}$ と同じ向きのベクトルであることがわかる.

また, $\dfrac{d\boldsymbol{v}}{dt} = \dfrac{d^2\boldsymbol{r}}{dt^2}$ を**加速度ベクトル** または加速度といい, $\boldsymbol{a}$ で表す. このとき, (6) より

$$\boldsymbol{a} = \frac{d\boldsymbol{v}}{dt} = \frac{d(v\boldsymbol{t})}{dt} = \frac{dv}{dt}\boldsymbol{t} + v\frac{d\boldsymbol{t}}{dt}$$

(4), (2), (5) より

$$\frac{d\boldsymbol{t}}{dt} = \left| \frac{d\boldsymbol{t}}{dt} \right| \boldsymbol{n} = \kappa \left| \frac{d\boldsymbol{r}}{dt} \right| \boldsymbol{n} = \kappa v \boldsymbol{n} \qquad (\kappa \text{ は曲率})$$

となるから

$$\boldsymbol{a} = \frac{dv}{dt}\boldsymbol{t} + \kappa v^2 \boldsymbol{n} = \frac{dv}{dt}\boldsymbol{t} + \frac{v^2}{\rho}\boldsymbol{n} \qquad \left(\rho = \frac{1}{\kappa} \text{ は曲率半径} \right)$$

したがって, $\boldsymbol{t}, \boldsymbol{n}, \boldsymbol{a}$ は同一平面上にあることがわかる.

$\boldsymbol{t}, \boldsymbol{n}$ の係数をそれぞれ a_t, a_n と書くと, $\boldsymbol{a}$ は次のように表される.

$$\boldsymbol{a} = a_t\boldsymbol{t} + a_n\boldsymbol{n} \qquad \left(a_t = \frac{dv}{dt}, \ a_n = \frac{v^2}{\rho} \geqq 0 \right) \tag{7}$$

a_t, a_n をそれぞれ加速度の**接線成分**, **法線成分** という.

このとき, $\boldsymbol{t} \perp \boldsymbol{n}$ より

$$\boldsymbol{a} \cdot \boldsymbol{t} = (a_t\boldsymbol{t} + a_n\boldsymbol{n}) \cdot \boldsymbol{t} = a_t|\boldsymbol{t}|^2 = a_t$$

$$\boldsymbol{a} \cdot \boldsymbol{n} = (a_t\boldsymbol{t} + a_n\boldsymbol{n}) \cdot \boldsymbol{n} = a_n|\boldsymbol{n}|^2 = a_n$$

また，(7) より

$$|\boldsymbol{a} - a_t\boldsymbol{t}| = |a_n\boldsymbol{n}| = |a_n|\,|\boldsymbol{n}| = a_n$$

として a_n を求めることもできる．

例題 動点 P の時刻 t における位置ベクトルが

$$\boldsymbol{r} = (a\cos\omega t,\ a\sin\omega t,\ 0)$$

のとき，速度 $\boldsymbol{v}$，速さ v，加速度 $\boldsymbol{a}$ および加速度の接線成分 a_t，法線成分 a_n を求めよ．ただし，$a,\ \omega$ は正の定数とする．

解
$$\boldsymbol{v} = \frac{d\boldsymbol{r}}{dt} = (-a\omega\sin\omega t,\ a\omega\cos\omega t,\ 0),\quad v = |\boldsymbol{v}| = a\omega$$

$$\boldsymbol{a} = \frac{d\boldsymbol{v}}{dt} = (-a\omega^2\cos\omega t,\ -a\omega^2\sin\omega t,\ 0)$$

$$\boldsymbol{t} = \frac{\boldsymbol{v}}{v} = (-\sin\omega t,\ \cos\omega t,\ 0)$$

$$\therefore\quad a_t = \frac{dv}{dt} = 0\ ,\quad a_n = |\boldsymbol{a} - a_t\boldsymbol{t}| = |\boldsymbol{a}| = a\omega^2 \qquad //$$

68 動点 P の時刻 t における位置ベクトルが

$$\boldsymbol{r} = (\sin t,\ \sin 2t,\ \cos 3t)$$

で与えられているとき，次を求めよ．

(1) 時刻 t における速度 $\boldsymbol{v}$ と加速度 $\boldsymbol{a}$

(2) 時刻 $t = 0$ における加速度の接線成分 a_t と法線成分 a_n

$a_t = \boldsymbol{a}\cdot\boldsymbol{t} = \boldsymbol{a}\cdot\dfrac{\boldsymbol{v}}{v}$ を用いよ．

69 動点 P の時刻 t における位置ベクトルが

$$\boldsymbol{r} = \left(t,\ \frac{t^2}{2},\ \frac{t^3}{3}\right)$$

のとき，$t = 1$ のときの加速度の接線成分 a_t と法線成分 a_n を求めよ．

4──いろいろな問題

70 変数変換

$$x = r\sin v\cos u,\ y = r\sin v\sin u,\ z = r\cos v$$

によって，$\nabla = \left(\dfrac{\partial}{\partial x},\ \dfrac{\partial}{\partial y},\ \dfrac{\partial}{\partial z}\right)$ は次のように表されることを証明せよ．

$$\nabla = \Big(\sin v\cos u\,\frac{\partial}{\partial r} + \frac{\cos v\cos u}{r}\,\frac{\partial}{\partial v} - \frac{\sin u}{r\sin v}\,\frac{\partial}{\partial u},$$

$$\sin v\sin u\,\frac{\partial}{\partial r} + \frac{\cos v\sin u}{r}\,\frac{\partial}{\partial v} + \frac{\cos u}{r\sin v}\,\frac{\partial}{\partial u},$$

$$\cos v\,\frac{\partial}{\partial r} - \frac{\sin v}{r}\,\frac{\partial}{\partial v}\Big)$$

71 xyz 空間における点 P の座標が実数 t の関数として次の式で与えられる.

$$x(t) = a\cos t,\ y(t) = \sin t,\ z(t) = -a\sin t$$

ここで a は正の実数である. $0 \leqq t \leqq 2\pi$ の範囲で点 P の描く曲線を C とする. 次の問いに答えよ.

(1) $t = \dfrac{\pi}{2}$ と $t = \pi$ のそれぞれに対し, 点 P の座標とその点における曲線 C の接線方向を表すベクトルを求めよ.

(2) 曲線 C 上の任意の点 P における接線の方程式を求めよ.

(3) 曲線 C が平面上の曲線であることを示し, その平面の方程式と単位法線ベクトルを求めよ.

(4) 曲線 C を zx 平面に投影した曲線で囲まれる領域 D の面積を求めよ.

(東北大)

72 直交座標系において, x, y, z 軸方向の単位ベクトルをそれぞれ $\boldsymbol{i}, \boldsymbol{j}, \boldsymbol{k}$ とする. ベクトル場 $\boldsymbol{a} = (1 - 2x^2)e^{-x^2-y^2}\boldsymbol{i} - 2xye^{-x^2-y^2}\boldsymbol{j} + 2z\boldsymbol{k}$ について, 次の問いに答えよ.

(1) $\nabla \times \boldsymbol{a}$ を求めよ.

(2) $\boldsymbol{a} = \nabla\varphi$ となるようなスカラー関数 φ は存在するか否かを答えよ. 存在する場合は, φ を求めよ. ただし, 原点 $(x, y, z) = (0, 0, 0)$ において $\varphi = 0$ とする.

(3) 位置ベクトル $\boldsymbol{r} = 2\cos t\,\boldsymbol{i} + 2\sin t\,\boldsymbol{j} + t\boldsymbol{k}\ (0 \leqq t \leqq 2\pi)$ で与えられる曲線 C 上で, 線積分 $\displaystyle\int_C \boldsymbol{a} \cdot d\boldsymbol{r}$ の値を求めよ. (九州大)

73 原点を中心とした半径 $r\ (r \neq 0)$ の球面 S は媒介変数 u, v (ラジアン単位) を用いて

$$\boldsymbol{r}(= \boldsymbol{r}(u, v)) = r\boldsymbol{i}_r = r\cos u\cos v\,\boldsymbol{i}_x + r\sin u\cos v\,\boldsymbol{i}_y + r\sin v\,\boldsymbol{i}_z$$
$$\left(0 \leqq u \leqq 2\pi,\ -\frac{\pi}{2} \leqq v \leqq \frac{\pi}{2}\right)$$

と表すことができる. ここで, $\boldsymbol{i}_x, \boldsymbol{i}_y, \boldsymbol{i}_z$ は x, y, z 座標のそれぞれの基本ベクトルであり, $\boldsymbol{i}_r$ は $\boldsymbol{r}$ 方向の単位ベクトルである.

(1) $\dfrac{\partial \boldsymbol{r}}{\partial u} \times \dfrac{\partial \boldsymbol{r}}{\partial v}$ を $r, \boldsymbol{i}_r, v$ で表せ.

(2) ベクトル場 $\boldsymbol{R} = \dfrac{u^2}{r}\boldsymbol{i}_r$ とするとき, $\boldsymbol{R}$ の球面 S に沿う面積分

$$\int_S \boldsymbol{R} \cdot \boldsymbol{n}\, dS$$

を求めよ. ただし, $\boldsymbol{n}$ は S の外向きの単位法線ベクトルとする. (大阪大)

2 章　ラプラス変換

1　ラプラス変換の定義と性質

まとめ

● 定義

$$F(s) = \mathcal{L}[f(t)] = \int_0^\infty e^{-st} f(t)\, dt$$

● いろいろな関数のラプラス変換

原関数	像関数
1	$\dfrac{1}{s}$
t	$\dfrac{1}{s^2}$
t^n	$\dfrac{n!}{s^{n+1}}$
$e^{\alpha t}$	$\dfrac{1}{s - \alpha}$
$t^n e^{\alpha t}$	$\dfrac{n!}{(s - \alpha)^{n+1}}$
$\sin \omega t$	$\dfrac{\omega}{s^2 + \omega^2}$
$\cos \omega t$	$\dfrac{s}{s^2 + \omega^2}$

原関数	像関数
$e^{\alpha t} \sin \beta t$	$\dfrac{\beta}{(s - \alpha)^2 + \beta^2}$
$e^{\alpha t} \cos \beta t$	$\dfrac{s - \alpha}{(s - \alpha)^2 + \beta^2}$
$t \sin \omega t$	$\dfrac{2\omega s}{(s^2 + \omega^2)^2}$
$t \cos \omega t$	$\dfrac{s^2 - \omega^2}{(s^2 + \omega^2)^2}$
$\sinh \omega t$	$\dfrac{\omega}{s^2 - \omega^2}$
$\cosh \omega t$	$\dfrac{s}{s^2 - \omega^2}$

● 単位ステップ関数

$$U(t - a) = \begin{cases} 1 & (t \geqq a) \\ 0 & (t < a) \end{cases} \qquad \mathcal{L}[U(t - a)] = \frac{e^{-as}}{s} \quad (a \geqq 0)$$

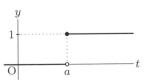

● ラプラス変換の線形性，相似性，移動法則

原関数	像関数
$\alpha f(t) + \beta g(t)$	$\alpha F(s) + \beta G(s)$
$f(at)$	$\dfrac{1}{a} F\left(\dfrac{s}{a}\right) \quad (a > 0)$
$e^{\alpha t} f(t)$	$F(s - \alpha)$
$f(t - \mu)\, U(t - \mu)$	$e^{-\mu s} F(s) \quad (\mu > 0)$

● 微分法則と積分法則

原関数	像関数
$f'(t)$	$sF(s) - f(0)$
$f''(t)$	$s^2 F(s) - f(0)\,s - f'(0)$
$f^{(n)}(t)$	$s^n F(s) - f(0)\,s^{n-1} - f'(0)\,s^{n-2}$ $- \cdots - f^{(n-1)}(0)$
$tf(t)$	$-F'(s)$
$t^n f(t)$	$(-1)^n F^{(n)}(s)$
$\displaystyle\int_0^t f(\tau)\,d\tau$	$\dfrac{F(s)}{s}$
$\dfrac{f(t)}{t}$	$\displaystyle\int_s^\infty F(\sigma)\,d\sigma$

Basic

74 $f(t) = t^3$ のラプラス変換を求めよ.

→ 教 p.47 問·1

75 ラプラス変換の線形性を用いて，$\mathcal{L}[3t^2 + 2]$ を求めよ.

→ 教 p.48 問·2

76 $\mathcal{L}[e^t - e^{-2t}]$ を求めよ.

→ 教 p.48 問·3

77 定義に従って，$f(t) = \sin 3t$ のラプラス変換を求めよ.

→ 教 p.49 問·4

78 $f(t) = \cosh 2t$ のラプラス変換を求めよ.

→ 教 p.49 問·5

79 次の関数のグラフをかけ. また，そのラプラス変換を求めよ.

(1) $y = U(t-3)$ (2) $y = 3U(t-2)$

→ 教 p.49 問·6

80 次の関数 $f(t)$ を単位ステップ関数を用いて表せ. また，$\mathcal{L}[f(t)]$ を求めよ.

→ 教 p.50 問·7

(1) $f(t) = \begin{cases} 1 & (1 \leqq t < 3) \\ 0 & (0 < t < 1,\ t \geqq 3) \end{cases}$ (2) $f(t) = \begin{cases} 2 & (t \geqq 1) \\ 0 & (0 < t < 1) \end{cases}$

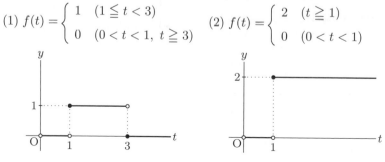

81 $\mathcal{L}[\cosh t] = \dfrac{s}{s^2-1}$ を用いて，$\mathcal{L}[\cosh \omega t]$ を求めよ．ただし，ω は 0 でない　→ 教 p.51 問·8
定数とする．

82 2 倍角の公式 $\sin 2t = 2\sin t \cos t$ を用いて，$\mathcal{L}[\sin t \cos t]$ を求めよ．　→ 教 p.51 問·9

83 $\mathcal{L}[t^3 e^{2t}]$ を求めよ．　→ 教 p.52 問·10

84 $\mathcal{L}\left[\cos\left(t - \dfrac{\pi}{6}\right) U\left(t - \dfrac{\pi}{6}\right)\right]$ を求めよ．　→ 教 p.52 問·11

85 関数 $f(t) = (t-1)U(t-1)$ のグラフをかけ．また，$\mathcal{L}[f(t)]$ を求めよ．　→ 教 p.52 問·12

86 $\mathcal{L}[t \sinh t],\ \mathcal{L}[t \cosh t]$ を求めよ．　→ 教 p.54 問·13

87 関数 $f(t)$ が $f'(t) + 4f(t) = t^2,\ f(0) = 0$ を満たすとき，原関数の微分法則を　→ 教 p.54 問·14
用いて，$\mathcal{L}[f(t)]$ を求めよ．

88 像関数の高次微分法則を用いて，$\mathcal{L}[t^n e^{3t}]$ を求めよ．ただし，n は正の整数と　→ 教 p.55 問·15
する．

89 $\mathcal{L}\left[\dfrac{e^{3t} - e^{-t}}{t}\right]$ を求めよ．　→ 教 p.56 問·16

90 次の関数の逆ラプラス変換を求めよ．　→ 教 p.59 問·17

(1) $\dfrac{1}{s^2 + 4s + 4}$　　　　(2) $\dfrac{1}{s^2 - 4s + 3}$　　　　(3) $\dfrac{1}{s^2 - 6s + 10}$

91 次の関数の逆ラプラス変換を求めよ．　→ 教 p.59 問·18

(1) $\dfrac{s+1}{s^2 + 6s + 9}$　　　　　　　　(2) $\dfrac{s}{s^2 - 4s + 13}$

92 次の関数の逆ラプラス変換を求めよ．　→ 教 p.60 問·19

(1) $\dfrac{2s^2 - 5s - 6}{(s+2)(s-1)(s-2)}$　　　　(2) $\dfrac{1}{s^2(s+1)}$

Check

93 次の関数のラプラス変換を求めよ.

   (1) $4t^2 - 3t + 2$ (2) $(t-1)^3$ (3) $4e^{3t} - 3e^{2t}$ (4) e^{3t+2}

94 定義に従って,関数 $te^{\alpha t}$ のラプラス変換を求めよ.ただし,α は定数とする.

95 $\mathcal{L}[\sinh \omega t]$ を求めよ.ただし,ω は 0 でない定数とする.

96 次の関数 $f(t)$ を単位ステップ関数を用いて表せ.また,$\mathcal{L}[f(t)]$ を求めよ.

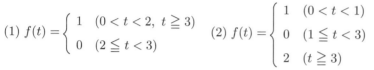

   (1) $f(t) = \begin{cases} 1 & (0 < t < 2,\ t \geqq 3) \\ 0 & (2 \leqq t < 3) \end{cases}$ (2) $f(t) = \begin{cases} 1 & (0 < t < 1) \\ 0 & (1 \leqq t < 3) \\ 2 & (t \geqq 3) \end{cases}$

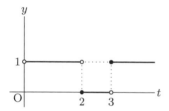
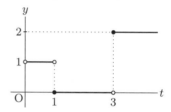

97 次の関数のラプラス変換を求めよ.

   (1) te^{3t} (2) $t^2 e^{-2t}$ (3) $e^{2t} \sin 3t$ (4) $e^{-t} \cos 2t$

98 関数 $f(t) = (t-2)^2 U(t-2)$ のグラフをかけ.また,$\mathcal{L}[f(t)]$ を求めよ.

99 像関数の微分法則を用いて,$\mathcal{L}[t \sinh \omega t]$,$\mathcal{L}[t \cosh \omega t]$ を求めよ.ただし,ω は 0 でない定数とする.

100 関数 $f(t)$ が $f'(t) + 3f(t) = \sin t$,$f(0) = 1$ を満たすとき,原関数の微分法則を用いて,$\mathcal{L}[f(t)]$ を求めよ.

101 像関数の高次微分法則を用いて,$\mathcal{L}[t^2 \cos t]$ を求めよ.

102 次の関数の逆ラプラス変換を求めよ.

   (1) $\dfrac{1}{(s-2)^4}$ (2) $\dfrac{s+2}{s^2 - 2s + 1}$ (3) $\dfrac{s}{s^2 - s - 6}$

   (4) $\dfrac{2s+3}{s^2 + 4}$ (5) $\dfrac{2s+1}{s^2 + 2s + 5}$

103 次の関数の逆ラプラス変換を求めよ.

   (1) $\dfrac{s-5}{(s+1)(s-2)(s-3)}$ (2) $\dfrac{2s^2 + 7}{(s-2)^2(s+3)}$

Step up

2
章

ラプラス変換

例題 次の関数 $f(t)$ のラプラス変換を求めよ.

$$f(t) = \begin{cases} t & (0 < t < 1) \\ 2 - t & (1 \leqq t < 2) \\ 0 & (t \geqq 2) \end{cases}$$

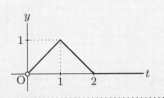

解 下の左図は関数 $y = t(U(t) - U(t-1))$ で表される. また, 右図は関数

$y = (2-t)(U(t-1) - U(t-2))$ で表される.

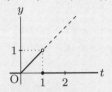 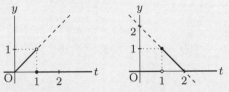

よって

$$f(t) = t(U(t) - U(t-1)) + (2-t)(U(t-1) - U(t-2))$$

$$= t\,U(t) - 2(t-1)\,U(t-1) + (t-2)\,U(t-2) \quad (t > 0)$$

$$\therefore \quad \mathcal{L}[f(t)] = \frac{1}{s^2} - \frac{2e^{-s}}{s^2} + \frac{e^{-2s}}{s^2} = \frac{1 - 2e^{-s} + e^{-2s}}{s^2} \qquad //$$

104 次の関数 $f(t)$ のラプラス変換を求めよ.

$$f(t) = \begin{cases} \dfrac{1}{2} t^2 & (0 < t < 2) \\ \dfrac{1}{2}(t-4)^2 & (2 \leqq t < 4) \\ 0 & (t \geqq 4) \end{cases}$$

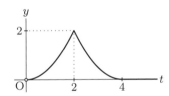

例題 $\dfrac{1}{(s^2 + \omega^2)^2}$ の逆ラプラス変換を求めよ. ただし, ω は正の定数とする.

解

$$\frac{1}{(s^2 + \omega^2)^2} = \frac{1}{2\omega^2} \frac{(s^2 + \omega^2) - (s^2 - \omega^2)}{(s^2 + \omega^2)^2}$$

$$= \frac{1}{2\omega^2} \left(\frac{1}{s^2 + \omega^2} - \frac{s^2 - \omega^2}{(s^2 + \omega^2)^2} \right)$$

したがって

$$\mathcal{L}^{-1} \left[\frac{1}{(s^2 + \omega^2)^2} \right] = \mathcal{L}^{-1} \left[\frac{1}{2\omega^2} \left(\frac{1}{s^2 + \omega^2} - \frac{s^2 - \omega^2}{(s^2 + \omega^2)^2} \right) \right]$$

$$= \frac{1}{2\omega^2} \left(\frac{1}{\omega} \sin \omega t - t \cos \omega t \right) = \frac{1}{2\omega^3} (\sin \omega t - \omega t \cos \omega t) \qquad //$$

105 次の関数の逆ラプラス変換を求めよ.

(1) $\dfrac{s^2}{(s^2 + 4)^2}$

(2) $\dfrac{s^3 - s^2 + 12s - 18}{(s^2 + 9)^2}$

2 ラプラス変換の応用

まとめ

● 微分方程式への応用

● たたみこみ　$f * g$

○ $(f * g)(t) = f(t) * g(t) = \displaystyle\int_0^t f(\tau)\, g(t - \tau)\, d\tau = \int_0^t f(t - \tau)\, g(\tau)\, d\tau$

○ $f(t) * g(t) = g(t) * f(t)$

○ $\mathcal{L}[f(t) * g(t)] = \mathcal{L}[f(t)]\, \mathcal{L}[g(t)]$

● 線形システム

○ $y'' + ay' + by = x(t),\ y(0) = 0,\ y'(0) = 0$　　　（$a,\ b$ は定数）

において，入力 $x(t)$ から出力 $y(t)$ への対応を線形システムという．

○ $H(s) = \dfrac{1}{s^2 + as + b}$ を伝達関数といい，$h(t) = \mathcal{L}^{-1}[H(s)]$ として

$$y(t) = h(t) * x(t) = \int_0^t h(\tau)\, x(t - \tau)\, d\tau = \int_0^t h(t - \tau)\, x(\tau)\, d\tau$$

● デルタ関数

$$\delta(t) = \lim_{\varepsilon \to +0} \varphi_\varepsilon(t)$$

○ $\mathcal{L}[\delta(t)] = 1$

○ $\displaystyle\int_0^\infty \delta(t)\, dt = 1$

○ $t > 0$ のとき　　$\delta(t) = 0$

○ $f(t) * \delta(t) = \delta(t) * f(t) = f(t)$

○ $h(t) = \mathcal{L}^{-1}\left[\dfrac{1}{s^2 + as + b}\right]$ は微分方程式

$y'' + ay' + by = \delta(t),\ y(0) = 0,\ y'(0) = 0$

の解である．

Basic

106 次の微分方程式を解け. p.63 問·1

 (1) $\dfrac{dx}{dt} - x = e^{2t},\ x(0) = 1$ (2) $\dfrac{dx}{dt} + x = 1,\ x(0) = 0$

107 次の微分方程式を解け. p.63 問·2

 (1) $\dfrac{d^2x}{dt^2} - \dfrac{dx}{dt} - 2x = e^t$ $\left(t = 0 \text{ のとき } x = 0,\ \dfrac{dx}{dt} = 0 \right)$

 (2) $\dfrac{d^2x}{dt^2} - 2\dfrac{dx}{dt} + 5x = 0$ $\left(t = 0 \text{ のとき } x = 0,\ \dfrac{dx}{dt} = 1 \right)$

108 次の微分方程式を解け. p.64 問·3

 (1) $\dfrac{d^2x}{dt^2} - 2\dfrac{dx}{dt} = 0,\ x(0) = 1,\ x(1) = e^2$

 (2) $\dfrac{d^2x}{dt^2} + 9x = 3,\ x(0) = 1,\ x\left(\dfrac{\pi}{6}\right) = 0$

109 次の微分方程式の一般解を求めよ. p.65 問·4

 (1) $\dfrac{dx}{dt} + 4x = 1$ (2) $\dfrac{d^2x}{dt^2} - 9x = 0$ (3) $\dfrac{d^2x}{dt^2} + 16x = t$

110 関数 $t^3,\ t$ のたたみこみ $t^3 * t$ を求めよ. p.66 問·5

111 たたみこみ $t * (t^3 + t^4)$ を求めよ. p.66 問·6

112 $\mathcal{L}[t^3 * t]$ を求めよ. また, 問題 110 の結果から直接 $\mathcal{L}[t^3 * t]$ を求めよ. p.66 問·7

113 $\mathcal{L}[f(t)] = F(s)$ のとき, 次の関数の逆ラプラス変換を求めよ. p.67 問·8

 (1) $\dfrac{F(s)}{s^2 + 4s + 4}$ (2) $\dfrac{F(s)}{s^2 - 7s + 12}$ (3) $\dfrac{F(s)}{s^2 - 4s + 13}$

114 次の積分方程式を満たす関数 $x(t)$ を求めよ. p.67 問·9

 (1) $\displaystyle\int_0^t x(\tau)\cos(t - \tau)\,d\tau = t^2$ (2) $\displaystyle\int_0^t x(\tau)\,e^{2(t - \tau)}\,d\tau = \sin 3t$

115 微分方程式 $y'' - 4y' + 3y = x(t),\ y(0) = 0,\ y'(0) = 0$ で表される線形シス p.68 問·10
 テムの伝達関数を求めよ. また, 出力 $y(t)$ を入力 $x(t)$ で表せ.

116 $\mathcal{L}[e^{2t} * \delta(t)]$ を求めよ. p.70 問·11

117 次の微分方程式の解を求めよ. p.70 問·12

   $y'' + 2y' + y = \delta(t),\ y(0) = 0,\ y'(0) = 0$

Check

118 次の微分方程式を解け.

(1) $\dfrac{dx}{dt} - x = te^t$　　　　　$\left(t = 0 \text{ のとき } x = 1 \right)$

(2) $\dfrac{d^2x}{dt^2} + 4x = t$　　　　$\left(t = 0 \text{ のとき } x = 1, \ \dfrac{dx}{dt} = 2 \right)$

(3) $\dfrac{d^2x}{dt^2} - 5\dfrac{dx}{dt} + 6x = e^{3t}$　$\left(t = 0 \text{ のとき } x = 1, \ \dfrac{dx}{dt} = 5 \right)$

119 微分方程式 $\dfrac{d^2x}{dt^2} + 9x = \cos t$ について，次の問いに答えよ.

(1) 初期条件 $x(0) = 1$, $x'(0) = 1$ を満たす解を求めよ.

(2) 境界条件 $x(0) = 1$, $x\left(\dfrac{\pi}{4}\right) = 0$ を満たす解を求めよ.

(3) 一般解を求めよ.

120 微分方程式 $\dfrac{d^2x}{dt^2} + 2\dfrac{dx}{dt} + 5x = 0$ について，次の問いに答えよ.

(1) 初期条件 $x(0) = 1$, $x'(0) = 2$ を満たす解を求めよ.

(2) 境界条件 $x(0) = 1$, $x\left(\dfrac{\pi}{4}\right) = 0$ を満たす解を求めよ.

(3) 一般解を求めよ.

121 次のたたみこみを求めよ.

(1) $\cos t * \cos t$　　　　(2) $t * e^{2t}$　　　　　　(3) $t^2 * \sin t$

122 次の積分方程式を満たす関数 $x(t)$ を求めよ.

(1) $\displaystyle\int_0^t x(t - \tau) \sin 2\tau \, d\tau = t \sin 2t$

(2) $x(t) - 2\displaystyle\int_0^t x(t - \tau) \cos \tau \, d\tau = \sin t$

(3) $x'(t) + 2x(t) + 4\displaystyle\int_0^t x(t - \tau)e^{2\tau} \, d\tau = t^2, \ x(0) = 0$

123 微分方程式 $y'' + 4y = x(t)$, $y(0) = 0$, $y'(0) = 0$ で表される線形システムの伝達関数を求めよ. また，出力 $y(t)$ を入力 $x(t)$ を用いて表せ.

124 次の微分方程式の解を求めよ.

$$y'' + y' - 6y = \delta(t), \ y(0) = 0, \ y'(0) = 0$$

Step up

2章

ラプラス変換

例題 微分方程式 $\dfrac{d^2x}{dt^2} + 2\dfrac{dx}{dt} = t$ $\left(t = 0 \text{ のとき } x = 1, \dfrac{dx}{dt} = -2\right)$ を解け.

解 $\mathcal{L}[x(t)] = X(s)$ として, 微分方程式の両辺のラプラス変換を求めると

$$(s^2 X(s) - s + 2) + 2(sX(s) - 1) = \frac{1}{s^2}$$

$$s(s+2)X(s) = \frac{1}{s^2} + s$$

$$X(s) = \frac{1}{s^3(s+2)} + \frac{1}{s+2}$$

右辺の第 1 項を次のように部分分数分解する.

$$\frac{1}{s^3(s+2)} = \frac{A}{s} + \frac{B}{s^2} + \frac{C}{s^3} + \frac{D}{s+2}$$

このとき　$A = \dfrac{1}{8},\ B = -\dfrac{1}{4},\ C = \dfrac{1}{2},\ D = -\dfrac{1}{8}$

$$\therefore\ x(t) = \mathcal{L}^{-1}\left[\frac{1}{8}\frac{1}{s} - \frac{1}{4}\frac{1}{s^2} + \frac{1}{2}\frac{1}{s^3} + \frac{7}{8}\frac{1}{s+2}\right]$$

$$= \frac{1}{8}\left(1 - 2t + 2t^2 + 7e^{-2t}\right) \qquad //$$

125 次の微分方程式を解け.

(1) $\dfrac{d^2x}{dt^2} - 2\dfrac{dx}{dt} + x = \cosh t$ $\qquad \left(t = 0 \text{ のとき } x = 1,\ \dfrac{dx}{dt} = 1\right)$

(2) $\dfrac{d^2x}{dt^2} - 2\dfrac{dx}{dt} + 5x = e^t \sin t$ $\qquad \left(t = 0 \text{ のとき } x = 0,\ \dfrac{dx}{dt} = 1\right)$

(3) $\dfrac{d^3x}{dt^3} + 3\dfrac{d^2x}{dt^2} + 3\dfrac{dx}{dt} + x = t^2 e^{-t}$

$$\left(t = 0 \text{ のとき } x = 1,\ \dfrac{dx}{dt} = 0,\ \dfrac{d^2x}{dt^2} = -2\right)$$

例題 次の積分方程式を解け.

$$x(t) + \int_0^t x(\tau)\,d\tau = e^{-t}$$

解 $\mathcal{L}[x(t)] = X(s)$ として, 積分方程式の両辺のラプラス変換を求めると

$$X(s) + \frac{X(s)}{s} = \frac{1}{s+1}$$

$$X(s) = \frac{s}{(s+1)^2}$$

$$= \frac{s+1-1}{(s+1)^2} = \frac{1}{s+1} - \frac{1}{(s+1)^2}$$

よって　$x(t) = e^{-t} - te^{-t} = (1-t)e^{-t}$ \qquad //

126 ラプラス変換を用いて, 次の微分方程式を解け. ただし, $x(0) = -1$ とする.

$$\frac{d}{dt}x(t) + 2\,x(t) - 3\int_0^t x(\tau)\,d\tau = t \qquad \text{（大阪大）}$$

例題 $\varepsilon > 0$ のとき，関数

$$\varphi_\varepsilon(t) = \begin{cases} \dfrac{1}{\varepsilon} & (0 \leqq t < \varepsilon) \\ 0 & (t < 0,\ t \geqq \varepsilon) \end{cases}$$

について，次の問いに答えよ．

(1) $\varphi_\varepsilon(t)$ のラプラス変換 $\Phi_\varepsilon(s)$ を求めよ．

(2) $\displaystyle\lim_{\varepsilon \to +0} \Phi_\varepsilon(s)$ を求めよ．

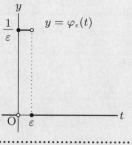

解 (1) $\varphi_\varepsilon(t) = \dfrac{1}{\varepsilon}(U(t) - U(t - \varepsilon))$ と表されるから $\Phi_\varepsilon(s) = \dfrac{1 - e^{-\varepsilon s}}{\varepsilon s}$

(2) $\displaystyle\lim_{\varepsilon \to +0} \Phi_\varepsilon(s) = \lim_{\varepsilon \to +0} \frac{1 - e^{-\varepsilon s}}{\varepsilon s} = \lim_{\varepsilon \to +0} \frac{-e^{-\varepsilon s}(-s)}{s} = 1$ //

127 例題の $\varphi_\varepsilon(t)$ について，次の微分方程式の解を $y_\varepsilon(t)$ とする．

$$y'' + \omega^2 y = \varphi_\varepsilon(t),\ y(0) = 0,\ y'(0) = 0$$

このとき，次の問いに答えよ．ただし，ω は正の定数とする．

(1) $y_\varepsilon(t)$ を求めよ． (2) $t > 0$ のとき，$\displaystyle\lim_{\varepsilon \to +0} y_\varepsilon(t)$ を求めよ．

例題 次の関係を同時に満たす関数 $x(t),\ y(t)$ を求めよ．

$$\frac{dx}{dt} = 4y - 1,\ \frac{dy}{dt} = x + e^t,\ x(0) = 0,\ y(0) = 0$$

解 $\mathcal{L}[x(t)] = X(s),\ \mathcal{L}[y(t)] = Y(s)$ として，微分方程式の両辺のラプラス変換
を求めると

$$sX(s) = 4Y(s) - \frac{1}{s},\ sY(s) = X(s) + \frac{1}{s-1}$$

第1式より $Y(s) = \dfrac{1}{4}\left(sX(s) + \dfrac{1}{s}\right)$

これを第2式に代入して，$X(s)$ を求めると

$$X(s) = \frac{4}{(s+2)(s-2)(s-1)} - \frac{1}{(s+2)(s-2)}$$

$$= \frac{3}{4}\frac{1}{s-2} - \frac{4}{3}\frac{1}{s-1} + \frac{7}{12}\frac{1}{s+2}$$

よって

$$x(t) = \frac{3}{4}e^{2t} - \frac{4}{3}e^t + \frac{7}{12}e^{-2t}$$

$$y(t) = \frac{1}{4}\left(\frac{dx}{dt} + 1\right) = \frac{3}{8}e^{2t} - \frac{1}{3}e^t - \frac{7}{24}e^{-2t} + \frac{1}{4}$$ //

128 次の関係を同時に満たす関数 $x(t),\ y(t)$ を求めよ．

(1) $\dfrac{dx}{dt} = x - 2y,\ \dfrac{dy}{dt} = -3x,\ x(0) = 2,\ y(0) = 0$

(2) $\dfrac{dx}{dt} = -2x + y - e^{2t},\ \dfrac{dy}{dt} = x - 2y + e^{2t},\ x(0) = 1,\ y(0) = 1$

例題 関数 $\dfrac{1}{(s^2+\omega^2)^2}$ の逆ラプラス変換を求めよ．ただし，ω は正の定数とする．

解 たたみこみのラプラス変換の性質より

$$\mathcal{L}^{-1}\left[\frac{1}{(s^2+\omega^2)^2}\right] = \mathcal{L}^{-1}\left[\frac{1}{s^2+\omega^2}\right] * \mathcal{L}^{-1}\left[\frac{1}{s^2+\omega^2}\right]$$

$$= \frac{1}{\omega}\sin\omega t * \frac{1}{\omega}\sin\omega t$$

$$= \frac{1}{\omega^2}\int_0^t \sin\omega(t-\tau)\sin\omega\tau\,d\tau$$

$$= -\frac{1}{2\omega^2}\int_0^t (\cos\omega t - \cos(\omega t - 2\omega\tau))\,d\tau$$

$$= -\frac{1}{2\omega^2}\left[\tau\cos\omega t + \frac{1}{2\omega}\sin(\omega t - 2\omega\tau)\right]_0^t$$

$$= \frac{1}{2\omega^3}(\sin\omega t - \omega t\cos\omega t) \qquad //$$

129 たたみこみのラプラス変換の性質を用いて，次の関数の逆ラプラス変換を求めよ．

(1) $\dfrac{s}{(s^2+9)^2}$ 　　　　　(2) $\dfrac{s^2}{(s^2+4)^2}$

例題 微分方程式

$$y'' + ay' + by = x(t),\ y(0)=\alpha,\ y'(0)=\beta$$

の解は

$$h(t) = \mathcal{L}^{-1}\left[\frac{1}{s^2+as+b}\right],\ k(t) = \mathcal{L}^{-1}\left[\frac{\alpha(s+a)+\beta}{s^2+as+b}\right]$$

を用いて

$$y(t) = h(t) * x(t) + k(t)$$

と表される．このことを証明せよ．ただし，$a,\ b,\ \alpha,\ \beta$ は定数とする．

解 $\mathcal{L}[x(t)] = X(s),\ \mathcal{L}[y(t)] = Y(s)$ として，微分方程式の両辺のラプラス変換を求めると

$$(s^2 Y(s) - \alpha s - \beta) + a(sY(s) - \alpha) + bY(s) = X(s)$$

これより

$$Y(s) = \frac{X(s)+\alpha s+\beta+a\alpha}{s^2+as+b} = \frac{X(s)}{s^2+as+b} + \frac{\alpha(s+a)+\beta}{s^2+as+b}$$

よって

$$y(t) = \mathcal{L}^{-1}[Y(s)] = h(t) * x(t) + k(t) \qquad //$$

130 次の微分方程式の解を，$x(t),\ \alpha,\ \beta$ を用いて表せ．

$$y'' - 2y' + 5y = x(t),\ y(0)=\alpha,\ y'(0)=\beta$$

Plus

1 ── ガンマ関数とラプラス変換

次の式で定義される関数 $\Gamma(p)$ を **ガンマ関数** という.

$$\Gamma(p) = \int_0^\infty e^{-x}\, x^{p-1}\, dx \qquad (p > 0)$$

ガンマ関数について，次の性質が証明される．（ただし，n は正の整数）

(1) $\Gamma(p+1) = p\,\Gamma(p)$

(2) $\Gamma\left(\dfrac{1}{2}\right) = \sqrt{\pi}$

(3) $\Gamma(n+1) = n!$

$t^\alpha\ (\alpha > -1)$ のラプラス変換を求めると

$$\mathcal{L}[t^\alpha] = \int_0^\infty e^{-st}\, t^\alpha\, dt = \int_0^\infty e^{-x} \left(\frac{x}{s}\right)^\alpha \frac{1}{s}\, dx \qquad (st = x)$$

$$= \frac{1}{s^{\alpha+1}} \int_0^\infty e^{-x}\, x^\alpha\, dx = \frac{\Gamma(\alpha+1)}{s^{\alpha+1}}$$

したがって

$$\mathcal{L}[t^\alpha] = \frac{\Gamma(\alpha+1)}{s^{\alpha+1}}$$

特に，$\dfrac{1}{\sqrt{t}}$ のラプラス変換は

$$\mathcal{L}\left[\frac{1}{\sqrt{t}}\right] = \mathcal{L}\left[t^{-\frac{1}{2}}\right] = \frac{\Gamma\left(\frac{1}{2}\right)}{\sqrt{s}} = \sqrt{\frac{\pi}{s}}$$

また，$\dfrac{1}{s^\alpha}\ (\alpha > 0)$ の逆ラプラス変換は

$$\mathcal{L}^{-1}\left[\frac{1}{s^\alpha}\right] = \frac{t^{\alpha-1}}{\Gamma(\alpha)}$$

例題 $t\sqrt{t}$ のラプラス変換を求めよ.

解
$$\mathcal{L}\left[t\sqrt{t}\right] = \mathcal{L}\left[t^{\frac{3}{2}}\right] = \frac{\Gamma\left(\frac{5}{2}\right)}{s^2\sqrt{s}}$$

$$= \frac{\frac{3}{2}\Gamma\left(\frac{3}{2}\right)}{s^2\sqrt{s}} = \frac{\frac{3}{2}\frac{1}{2}\Gamma\left(\frac{1}{2}\right)}{s^2\sqrt{s}} = \frac{3\sqrt{\pi}}{4s^2\sqrt{s}} \qquad //$$

131 次の関数のラプラス変換を求めよ.

(1) $t^2\sqrt{t}$

(2) $\dfrac{t^2+1}{\sqrt{t}}$

132 次の関数の逆ラプラス変換を求めよ.

(1) $\dfrac{1}{s\sqrt{s}}$

(2) $\dfrac{1}{s^2\sqrt{s}}$

2──**周期関数のラプラス変換**

$f(t)$ は $t > 0$ で定義された周期 T の関数とし，
最初の 1 周期分を取り出した関数を $\varphi(t)$ とすると

$$f(t) - f(t-T)\,U(t-T) = \varphi(t)$$

両辺のラプラス変換を求めると

$$\mathcal{L}[f(t)] - e^{-Ts}\mathcal{L}[f(t)] = \mathcal{L}[\varphi(t)]$$

したがって，次の関係式が得られる.

$$\mathcal{L}[f(t)] = \frac{\mathcal{L}[\varphi(t)]}{1 - e^{-Ts}}$$

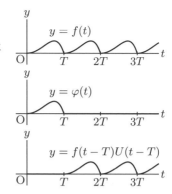

例題 次の周期 T の関数 $f(t)$ のラプラス変換を求めよ.

$$f(t) = t \ (0 < t \leqq T), \ f(t+T) = f(t)$$

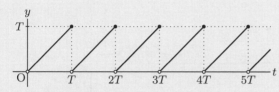

解 最初の 1 周期分を取り出した関数を $\varphi(t)$ とすると

$$\mathcal{L}[\varphi(t)] = \int_0^T e^{-st}\,t\,dt = \left[\frac{e^{-st}}{-s}t\right]_0^T - \int_0^T \frac{e^{-st}}{-s}\,dt$$

$$= \frac{Te^{-Ts}}{-s} - \left[\frac{e^{-st}}{s^2}\right]_0^T = \frac{1 - (1+Ts)e^{-Ts}}{s^2}$$

よって $\mathcal{L}[f(t)] = \dfrac{\mathcal{L}[\varphi(t)]}{1 - e^{-Ts}} = \dfrac{1 - (1+Ts)e^{-Ts}}{s^2(1 - e^{-Ts})}$ //

133 次の周期 $2a$ の関数 $f(t)$ のラプラス変換を求めよ.

$$f(t) = \begin{cases} 1 & (0 < t \leqq a) \\ 0 & (a < t \leqq 2a) \end{cases}, \quad f(t+2a) = f(t)$$

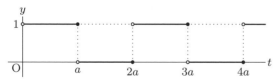

134 正の整数 T に対して，$\delta_T(t) = \displaystyle\sum_{n=0}^{\infty} \delta(t - nT)$ のラプラス変換を求めよ.

●**注**‥‥$\delta_T(t)$ は周期 T の周期関数である. 実際

$$\delta_T(t+T) = \sum_{n=0}^{\infty} \delta(t+T-nT) = \sum_{n=0}^{\infty} \delta(t-(n-1)T) = \sum_{n=-1}^{\infty} \delta(t-nT)$$

$$= \delta(t+T) + \sum_{n=0}^{\infty} \delta(t-nT) = \delta(t+T) + \delta_T(t)$$

$t > 0$ のとき $\delta(t+T) = 0$ だから，$\delta_T(t+T) = \delta_T(t)$ が成り立つ.

3──**いろいろな問題**

135 次の関数のラプラス変換を求めよ.

(1) $t^2 \sin 2t$ (2) $(t^2 \sin 2t)'$ (3) $(t^2 \sin 2t)''$

(4) $\displaystyle\int_0^t \tau \sin \tau \, d\tau$ (5) $\displaystyle\int_0^t e^\tau \cos \tau \, d\tau$ (6) $\dfrac{\sin 5t}{t}$

136 関数 $F(s) = \dfrac{4s^2 + s + 12}{(s+1)^2(s^2 - 2s + 2)}$ について,次の問いに答えよ.

(1) 次の恒等式が成り立つように定数 $A,\ B,\ C,\ D$ の値を定めよ.

$$\frac{4s^2 + s + 12}{(s+1)^2(s^2 - 2s + 2)} = \frac{A}{s+1} + \frac{B}{(s+1)^2} + \frac{Cs + D}{s^2 - 2s + 2}$$

(2) 関数 $F(s)$ の逆ラプラス変換を求めよ.

137 微分方程式 $\dfrac{dx}{dt} + 3x = U(t-2),\ x(0) = 0$ を解け.

138 図の電気回路に起電力 $e = e(t)$ を与えるとき,電
流 $i = i(t)$ について次の微分方程式が成り立つ.
($L,\ R$ は正の定数)

$$L \frac{di}{dt} + Ri = e$$

このとき,次の問いに答えよ.ただし,$i(0) = 0$ とする.

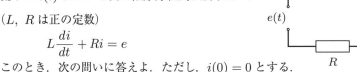

(1) $e(t) = \delta(t)$ のときの電流 i を求めよ.

(2) $e(t) = E$ （定数）のときの電流 i を求めよ.

(3) $e(t) = \sin \omega t$ （ω は定数）のときの電流 i を求めよ.

$$(3) \frac{1}{(Ls+R)(s^2+\omega^2)}$$
$$= \frac{1}{R^2 + \omega^2 L^2} \times$$
$$\left(\frac{L^2}{Ls+R} - \frac{Ls - R}{s^2 + \omega^2} \right)$$

139 関数 $f(t)$ に関する次の微分方程式を初期条件 $f(0) = 0,\ f'(0) = 0$ のもとで,
ラプラス変換を用いて解きたい.以下の問いに答えよ.

$$t f''(t) + (3t - 1) f'(t) + (2t - 3) f(t) = 0$$

(1) $f'(t),\ f''(t)$ のラプラス変換を,それぞれ $F(s)$ を用いて表せ.

(2) $t f(t),\ t f'(t),\ t f''(t)$ のラプラス変換を,それぞれ $F(s)$ を用いて表せ.

(3) $F(s)$ に関する微分方程式が次のように与えられることを示せ.

$$(s+1) \frac{dF(s)}{ds} + 3F(s) = 0$$

(4) $F(s)$ に関する微分方程式を解いて,$f(t)$ を求めよ.   （東北大改）

3章 フーリエ解析

1 フーリエ級数

まとめ

● **周期 2π の関数のフーリエ級数**

$$c_0 + \sum_{n=1}^{\infty}(a_n \cos nx + b_n \sin nx)$$

$$c_0 = \frac{1}{2\pi}\int_{-\pi}^{\pi} f(x)\,dx$$

$$a_n = \frac{1}{\pi}\int_{-\pi}^{\pi} f(x)\cos nx\,dx, \quad b_n = \frac{1}{\pi}\int_{-\pi}^{\pi} f(x)\sin nx\,dx$$

● **一般の周期関数のフーリエ級数**　$f(x)$ が周期 $2l$ の関数のとき

$$c_0 + \sum_{n=1}^{\infty}\left(a_n \cos \frac{n\pi x}{l} + b_n \sin \frac{n\pi x}{l}\right)$$

$$c_0 = \frac{1}{2l}\int_{-l}^{l} f(x)\,dx$$

$$a_n = \frac{1}{l}\int_{-l}^{l} f(x)\cos \frac{n\pi x}{l}\,dx, \quad b_n = \frac{1}{l}\int_{-l}^{l} f(x)\sin \frac{n\pi x}{l}\,dx$$

● **フーリエ余弦級数**　周期 $2l$ の関数 $f(x)$ が偶関数のとき

$$c_0 + \sum_{n=1}^{\infty} a_n \cos \frac{n\pi x}{l}$$

$$c_0 = \frac{1}{l}\int_{0}^{l} f(x)\,dx, \quad a_n = \frac{2}{l}\int_{0}^{l} f(x)\cos \frac{n\pi x}{l}\,dx$$

● **フーリエ正弦級数**　周期 $2l$ の関数 $f(x)$ が奇関数のとき

$$\sum_{n=1}^{\infty} b_n \sin \frac{n\pi x}{l}$$

$$b_n = \frac{2}{l}\int_{0}^{l} f(x)\sin \frac{n\pi x}{l}\,dx$$

● **複素フーリエ級数**　$f(x)$ が周期 $2l$ の関数のとき

$$\sum_{n=-\infty}^{\infty} c_n e^{i\frac{n\pi x}{l}}, \quad c_n = \frac{1}{2l}\int_{-l}^{l} f(x)\,e^{-i\frac{n\pi x}{l}}\,dx$$

● **フーリエ級数の収束定理**　周期関数 $f(x)$ が区分的に滑らかであるとき

$f(x)$ のフーリエ級数の和は　$\dfrac{f(x-0)+f(x+0)}{2}$　　　　$f(x\pm0) = \lim\limits_{t\to x\pm0} f(t)$

$f(x)$ が x で連続であれば，$f(x)$ のフーリエ級数の和は $f(x)$ に等しい．

Basic

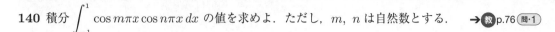

140 積分 $\displaystyle\int_{-1}^{1} \cos m\pi x \cos n\pi x \, dx$ の値を求めよ．ただし，m, n は自然数とする． → 教 p.76 問·1

141 次の周期 2π の関数 $f(x)$ のフーリエ級数を求めよ． → 教 p.79 問·2

$$f(x) = \begin{cases} x & (-\pi \leqq x < 0) \\ 0 & (0 \leqq x < \pi) \end{cases} , \quad f(x + 2\pi) = f(x)$$

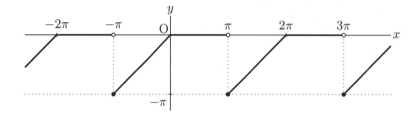

142 次の関数のフーリエ級数を求めよ． → 教 p.82 問·3

(1) $f(x) = \begin{cases} 2 & (-1 \leqq x < 0) \\ 1 & (0 \leqq x < 1) \end{cases} , \quad f(x + 2) = f(x)$

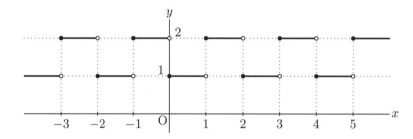

(2) $g(x) = \begin{cases} 3 & (-3 \leqq x < 0) \\ x & (0 \leqq x < 3) \end{cases} , \quad g(x + 6) = g(x)$

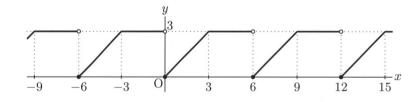

143 次の関数のフーリエ級数を求めよ.   → 教 p.84 問·4

(1) $f(x) = -x \quad (-2 \leqq x < 2), \quad f(x+4) = f(x)$

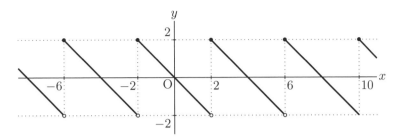

(2) $g(x) = 1 - x^2 \quad (-1 \leqq x < 1), \quad g(x+2) = g(x)$

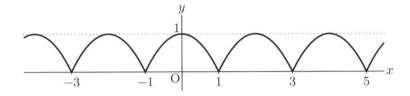

144 問題 141 のフーリエ級数を用いて, 次の公式を導け.   → 教 p.86 問·5

$$\frac{1}{1^2} + \frac{1}{3^2} + \frac{1}{5^2} + \cdots = \frac{\pi^2}{8}$$

145 次の周期 2 の関数 $f(x)$ の複素フーリエ級数を求めよ.   → 教 p.89 問·6

$$f(x) = \begin{cases} 2 & (-1 \leqq x < 0) \\ 0 & (0 \leqq x < 1) \end{cases}, \quad f(x+2) = f(x)$$

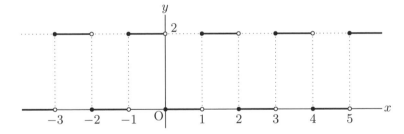

146 次の周期 4 の関数 $f(x)$ の複素フーリエ級数を求めよ.   → 教 p.89 問·7

$$f(x) = |x| \quad (-2 \leqq x < 2), \quad f(x+4) = f(x)$$

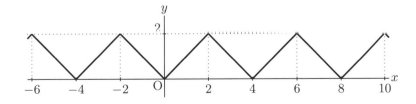

Check

147 次の周期関数のフーリエ級数を求めよ.

(1) $f(x) = \begin{cases} -2 & (-\pi \leqq x < 0) \\ 1 & (0 \leqq x < \pi) \end{cases}$, $f(x + 2\pi) = f(x)$

(2) $g(x) = \begin{cases} x+2 & (-2 \leqq x < 0) \\ 0 & (0 \leqq x < 2) \end{cases}$, $g(x+4) = g(x)$

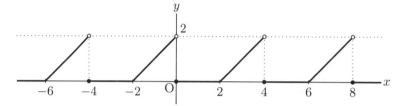

(3) $h(x) = |\sin x| \quad \left(-\dfrac{\pi}{2} \leqq x < \dfrac{\pi}{2}\right), \quad h(x + \pi) = h(x)$

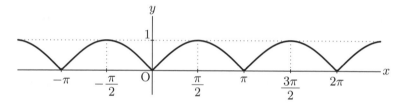

148 問題 147 (1) の結果を用いて，次の公式を導け.

$$1 - \frac{1}{3} + \frac{1}{5} - \frac{1}{7} + \cdots = \frac{\pi}{4}$$

149 次の周期関数の複素フーリエ級数を求めよ.

(1) $f(x) = 2x + 1 \quad (-1 \leqq x < 1)$, $f(x+2) = f(x)$

(2) $g(x) = \begin{cases} -1 & (-3 \leqq x < 0) \\ 1 & (0 \leqq x < 3) \end{cases}$, $g(x+6) = g(x)$

Step up

例題 $0 \leqq x \leqq 1$ の範囲で

$$x = \sum_{n=0}^{\infty} c_n \cos n\pi x$$

が成り立つように c_n を定めよ.

解 右辺は周期 2 の偶関数となるから

$$f(x) = \begin{cases} -x & (-1 < x < 0) \\ x & (0 \leqq x \leqq 1) \end{cases}, \quad f(x+2) = f(x)$$

とし, $0 \leqq x \leqq 1$ の範囲で $f(x) = x$ を満たす周期 2 の偶関数 $f(x)$ を考える.

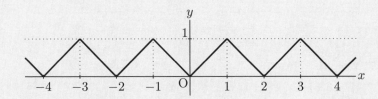

$f(x)$ のフーリエ係数を求めると

$$c_0 = \frac{1}{2} \int_{-1}^{1} f(x)\, dx = \int_0^1 x\, dx$$

$$= \left[\frac{1}{2} x^2\right]_0^1 = \frac{1}{2}$$

$$a_n = \int_{-1}^{1} f(x) \cos n\pi x\, dx = 2 \int_0^1 x \cos n\pi x\, dx$$

$$= 2\left[\frac{x}{n\pi} \sin n\pi x\right]_0^1 - 2\int_0^1 \frac{1}{n\pi} \sin n\pi x\, dx$$

$$= \left[\frac{2}{n^2 \pi^2} \cos n\pi x\right]_0^1$$

$$= \frac{2((-1)^n - 1)}{n^2 \pi^2}$$

$n \neq 0$ のとき, $c_n = a_n$ だから

$$c_n = \begin{cases} \dfrac{1}{2} & (n = 0) \\ \dfrac{2((-1)^n - 1)}{n^2 \pi^2} & (n \neq 0) \end{cases} \qquad /\!/$$

150 $0 \leqq x < 1$ の範囲で

$$x = \sum_{n=1}^{\infty} c_n \sin n\pi x$$

が成り立つように c_n を定めよ.

周期 2 の奇関数で考える.
このとき, $x = 1$ で連続に
ならないから, $0 \leqq x < 1$
となっている.

例題 N を 1 より大きい整数とする．周期 $2N$ の関数

$$f(x) = \begin{cases} 1 & (-1 \leqq x < 1) \\ 0 & (-N \leqq x < -1,\ 1 \leqq x < N) \end{cases},\quad f(x+2N)=f(x)$$

の有限フーリエ余弦級数

$$f_N(x) = c_0 + \sum_{n=1}^{N} a_n \cos \frac{n\pi x}{N}$$

について，$\displaystyle\lim_{N\to\infty} f_N(x)$ を積分で表せ．

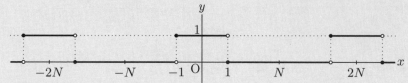

解 $f(x)$ は周期 $2N$ の偶関数だから $b_n = 0$

$$c_0 = \frac{1}{N}\int_0^N f(x)\,dx = \frac{1}{N}\int_0^1 dx = \frac{1}{N}$$

$$a_n = \frac{2}{N}\int_0^N f(x)\cos\frac{n\pi x}{N}\,dx = \frac{2}{N}\int_0^1 \cos\frac{n\pi x}{N}dx = \frac{2}{n\pi}\sin\frac{n\pi}{N}$$

よって $\displaystyle f_N(x) = \frac{1}{N} + \sum_{n=1}^{N}\frac{2}{n\pi}\sin\frac{n\pi}{N}\cos\frac{n\pi x}{N}$

$u_n = \dfrac{n\pi}{N}$, $\varDelta u_n = u_n - u_{n-1} = \dfrac{\pi}{N}$ とおくと

$$f_N(x) = \frac{1}{N} + \frac{2}{\pi}\sum_{n=1}^{N}\frac{\sin u_n}{u_n}\cos u_n x \cdot \varDelta u_n$$

したがって

$$\lim_{N\to\infty} f_N(x) = 0 + \frac{2}{\pi}\lim_{N\to\infty}\sum_{n=1}^{N}\frac{\sin u_n}{u_n}\cos u_n x \cdot \varDelta u_n$$

$$= \frac{2}{\pi}\int_0^\pi \frac{\sin u}{u}\cos ux\,du \qquad /\!/$$

定積分の定義
$$\int_a^b f(x)\,dx = \lim_{N\to\infty}\sum_{n=1}^{N} f(x_n)\,\varDelta x_n$$

151 N を 1 より大きい整数とする．周期 $2N$ の関数

$$f(x) = \begin{cases} 1-|x| & (|x| \leqq 1) \\ 0 & (1 < |x| \leqq N) \end{cases},\quad f(x+2N)=f(x)$$

の有限フーリエ余弦級数

$$f_N(x) = c_0 + \sum_{n=1}^{N} a_n \cos \frac{n\pi x}{N}$$

について，$\displaystyle\lim_{N\to\infty} f_N(x)$ を積分で表せ．

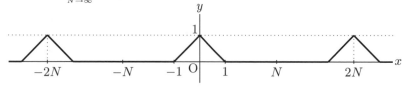

2 フーリエ変換

まとめ

- **フーリエ変換**
$$F(u) = \mathcal{F}[f(x)] = \int_{-\infty}^{\infty} f(x)\, e^{-iux} dx$$

- **逆フーリエ変換**
$$\mathcal{F}^{-1}[F(u)] = \frac{1}{2\pi} \int_{-\infty}^{\infty} F(u)\, e^{iux} du$$

- **フーリエの積分定理**
$$\frac{f(x-0) + f(x+0)}{2} = \mathcal{F}^{-1}[F(u)]$$
特に，$f(x)$ が x で連続ならば　$f(x) = \mathcal{F}^{-1}[F(u)]$

- **フーリエ余弦変換**　$f(x)$ が偶関数のとき
$$F(u) = 2 \int_0^{\infty} f(x) \cos ux\, dx$$
$$f(x) = \frac{1}{\pi} \int_0^{\infty} F(u) \cos ux\, du \qquad (f(x) \text{ が } x \text{ で連続のとき})$$

- **フーリエ正弦変換**　$f(x)$ が奇関数のとき，フーリエ正弦変換を $S(u)$ とおくと
$$S(u) = 2 \int_0^{\infty} f(x) \sin ux\, dx \qquad (S(u) = iF(u))$$
$$f(x) = \frac{1}{\pi} \int_0^{\infty} S(u) \sin ux\, du \qquad (f(x) \text{ が } x \text{ で連続のとき})$$

- **フーリエ変換の性質**　$\mathcal{F}[f(x)] = F(u),\ \mathcal{F}[f_j(x)] = F_j(u)\ (j=1,\,2)$ のとき
$$\mathcal{F}[c_1 f_1(x) + c_2 f_2(x)] = c_1 F_1(u) + c_2 F_2(u) \qquad (c_1,\, c_2 \text{ は定数})$$
$$\mathcal{F}[f(x-a)] = e^{-iau} F(u) \qquad (a \text{ は実数})$$
$$\mathcal{F}[e^{iax} f(x)] = F(u-a) \qquad (a \text{ は実数})$$
$$\mathcal{F}[f(ax)] = \frac{1}{|a|} F\left(\frac{u}{a}\right) \qquad (a \text{ は } 0 \text{ でない実数})$$
$$\mathcal{F}[f^{(n)}(x)] = (iu)^n F(u) \qquad (n \text{ は自然数})$$
$$\mathcal{F}[(-ix)^n f(x)] = F^{(n)}(u) \qquad (n \text{ は自然数})$$

- **フーリエ変換の公式**
$$\mathcal{F}[e^{-ax^2}] = \sqrt{\frac{\pi}{a}}\, e^{-\frac{u^2}{4a}} \qquad (a \text{ は正の定数})$$

- **たたみこみ**
$$(f * g)(x) = f(x) * g(x) = \int_{-\infty}^{\infty} f(x-\xi)\, g(\xi)\, d\xi$$

- **たたみこみのフーリエ変換**　$\mathcal{F}[f(x)] = F(u),\ \mathcal{F}[g(x)] = G(u)$ のとき
$$\mathcal{F}[f(x) * g(x)] = F(u)\, G(u)$$

Basic

152 次の関数のフーリエ変換を求めよ.

→ 教 p.92 問·1

$$f(x) = \begin{cases} e^{-x} & (x \geqq 0) \\ 0 & (x < 0) \end{cases}$$

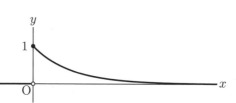

153 次の関数のフーリエ変換を求めよ.

→ 教 p.92 問·2

(1) $f(x) = \begin{cases} 2 & (-3 \leqq x \leqq 0) \\ 0 & (x < -3,\ x > 0) \end{cases}$

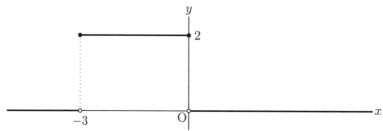

(2) $g(x) = \begin{cases} x & (0 \leqq x \leqq 1) \\ 0 & (x < 0,\ x > 1) \end{cases}$

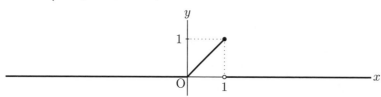

154 問題 152 の関数にフーリエの積分定理を適用して，次の等式を証明せよ.

→ 教 p.94 問·3

(1) $\dfrac{1}{2\pi} \displaystyle\int_{-\infty}^{\infty} \dfrac{1-iu}{1+u^2}\, e^{iux}\, du = \begin{cases} e^{-x} & (x > 0) \\ \dfrac{1}{2} & (x - 0) \\ 0 & (x < 0) \end{cases}$

(2) $\displaystyle\int_{-\infty}^{\infty} \dfrac{1}{1+u^2}\, du = \pi$

155 次の関数のフーリエ正弦変換を求めよ．

→ 教 p.95 問·4

$$f(x) = \begin{cases} -x - 1 & (-1 \leqq x < 0) \\ -x + 1 & (0 < x \leqq 1) \\ 0 & (x < -1,\ x = 0,\ x > 1) \end{cases}$$

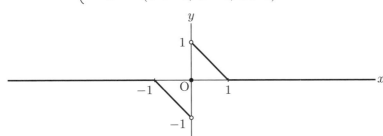

156 次の公式を証明せよ．ただし，a は 0 でない実数とする．

→ 教 p.97 問·5

$$\mathcal{F}[f(ax)] = \frac{1}{|a|} F\left(\frac{u}{a}\right)$$

157 問題 153 の $f(x)$ と $g(x)$ について，$\mathcal{F}[f(x) * g(x)]$ を求めよ．

→ 教 p.98 問·6

158 公式 $\mathcal{F}\left[e^{-ax^2}\right] = \sqrt{\dfrac{\pi}{a}}\, e^{-\frac{u^2}{4a}}$ を用いて，次の関数のフーリエ変換を求めよ．

→ 教 p.98 問·7

(1) $e^{-\frac{x^2}{4}}$　　　　　(2) $xe^{-\frac{x^2}{4}}$　　　　　(3) $x^2 e^{-\frac{x^2}{4}}$

159 $\mathcal{F}^{-1}\left[e^{-3u^2}\right]$ を求めよ．

→ 教 p.98 問·8

160 次の等式を証明せよ．

→ 教 p.99 問·9

(1) $\mathcal{F}\left[e^{-\frac{x^2}{4}} * xe^{-\frac{x^2}{4}}\right] = -8\pi i u\, e^{-2u^2}$

(2) $e^{-\frac{x^2}{4}} * xe^{-\frac{x^2}{4}} = \sqrt{\dfrac{\pi}{2}} xe^{-\frac{x^2}{8}}$

161 次の関数のスペクトルを求めよ．

→ 教 p.101 問·10

$$f(x) = |x|\ (|x| \leqq 1), \quad f(x+2) = f(x)$$

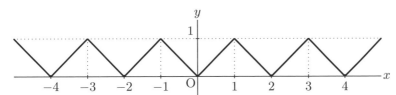

162 次の関数のスペクトルを求めよ．

→ 教 p.102 問·11

$$f(x) = \begin{cases} |x| & (|x| \leqq 1) \\ 0 & (|x| > 1) \end{cases}$$

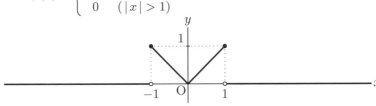

Check

163 次の関数のフーリエ変換を求めよ.

(1) $f(x) = \begin{cases} 1 & (1 \leqq x \leqq 2) \\ 0 & (x < 1,\ x > 2) \end{cases}$

(2) $g(x) = \begin{cases} 2 - x & (0 \leqq x < 2) \\ 0 & (x < 0,\ x \geqq 2) \end{cases}$

(3) $h(x) = \begin{cases} e^{3x} & (x \leqq 0) \\ 0 & (x > 0) \end{cases}$

164 問題 163 (1) の関数にフーリエの積分定理を適用して,次の等式を証明せよ.
$$\int_{-\infty}^{\infty} \frac{\sin u}{u}\, du = \pi$$

165 次の関数のフーリエ正弦変換を求めよ.
$$f(x) = \begin{cases} -\dfrac{x}{3} & (|x| \leqq 2) \\ 0 & (|x| > 2) \end{cases}$$

166 $\mathcal{F}[e^{-|x|}] = \dfrac{2}{1 + u^2}$ とフーリエ変換の性質を用いて,$\mathcal{F}[e^{-a|x|}]$ を求めよ.ただし,$a > 0$ とする.

167 問題 166 の結果を用いて,$\mathcal{F}[e^{-|x|} * e^{-2|x|}]$ を求めよ.

168 次の等式を証明せよ.ただし,$a,\ b$ は正の定数とする.

(1) $\mathcal{F}\left[e^{-\frac{x^2}{a}} * xe^{-\frac{x^2}{b}}\right] = -\dfrac{\pi b\sqrt{ab}}{2} iu\, e^{-\frac{a+b}{4}u^2}$

(2) $e^{-\frac{x^2}{a}} * xe^{-\frac{x^2}{b}} = \dfrac{b\sqrt{ab\pi}}{(a + b)\sqrt{a + b}} xe^{-\frac{x^2}{a+b}}$

169 次の関数のスペクトルを求めよ.

(1) $f(x) = 1 - |x|$　$(|x| \leqq 2)$,　$f(x + 4) = f(x)$

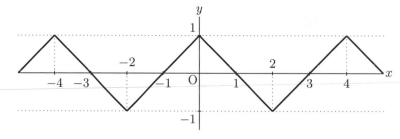

(2) $g(x) = \begin{cases} 1 - |x| & (|x| \leqq 2) \\ 0 & (|x| > 2) \end{cases}$

Step up

例題 関数 $f(x) = e^{-x}\cos x \ (x \geqq 0)$ について，$f(x)$ が偶関数になるように定義域を実数全体に拡張したときのフーリエ余弦変換を求めよ．

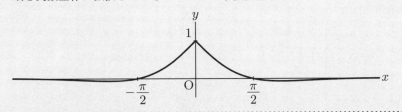

解
$$F(u) = 2\int_0^\infty e^{-x}\cos x \cos ux\, dx$$
$$= \int_0^\infty e^{-x}\{\cos(u+1)x + \cos(u-1)x\}dx$$
$$= \frac{1}{1+(u+1)^2} + \frac{1}{1+(u-1)^2} = \frac{2(u^2+2)}{u^4+4} \qquad //$$

170 関数 $f(x) = e^{-x}\cos x \ (x \geqq 0)$ について，$f(x)$ が奇関数になるように定義域を実数全体に拡張したときのフーリエ正弦変換を求めよ．

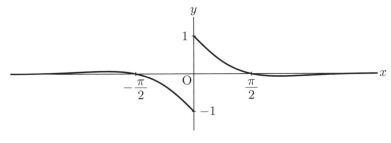

例題 $f(x)$ が奇関数ならば，フーリエ変換 $F(u) = \mathcal{F}[f(x)]$ も奇関数であることを証明せよ．

解 $f(x)$ は奇関数だから　$F(u) = -2i\int_0^\infty f(x)\sin ux\, dx$

$\sin(-ux) = -\sin ux$ より

$$F(-u) = -2i\int_0^\infty f(x)\sin(-u)x\, dx = 2i\int_0^\infty f(x)\sin ux\, dx = -F(u)$$

よって，$F(u)$ は奇関数である． $\qquad //$

171 $f(x)$ が偶関数ならば，フーリエ変換 $F(u) = \mathcal{F}[f(x)]$ も偶関数であることを証明せよ．

172 $f(x)$ のフーリエ変換を $F(u)$ とするとき，$f(-x)$ のフーリエ変換は $F(-u)$ となることを証明せよ．

Plus

1 ── フーリエ変換と逆フーリエ変換

関数 $f(x)$ に対して

$$\tilde{f}(x) = \frac{f(x+0) + f(x-0)}{2}$$

とおくと，フーリエの積分定理より，フーリエ変換と逆フーリエ変換は

$$F(u) = \int_{-\infty}^{\infty} f(x)e^{-iux}\,dx, \quad \tilde{f}(x) = \frac{1}{2\pi}\int_{-\infty}^{\infty} F(u)e^{iux}\,du \tag{1}$$

x と u を交換すると

$$\tilde{f}(u) = \frac{1}{2\pi}\int_{-\infty}^{\infty} F(x)e^{iux}\,dx, \quad F(x) = \int_{-\infty}^{\infty} f(u)e^{-iux}\,du \tag{2}$$

これから

$$\tilde{f}(-u) = \frac{1}{2\pi}\int_{-\infty}^{\infty} F(x)e^{-iux}\,dx, \quad F(x) = \int_{-\infty}^{\infty} f(-u)e^{iux}\,du \tag{3}$$

したがって，$f(x)$ のフーリエ変換を $F(u)$ とすると，$F(x)$ のフーリエ変換は

$$\mathcal{F}[F(x)] = \int_{-\infty}^{\infty} F(x)e^{-iux}\,dx = 2\pi\tilde{f}(-u)$$

(1)，(2)，(3) のように，フーリエ変換と逆フーリエ変換は，x と u の交換について対称性をもっている.

例題 $f(x) = \begin{cases} 1 & (|x| \leqq 1) \\ 0 & (|x| > 1) \end{cases}$ のフーリエ変換を利用して，$g(x) = \dfrac{\sin x}{x}$ の

フーリエ変換を求めよ.

解 $\mathcal{F}[f(x)] = \displaystyle\int_{-\infty}^{\infty} f(x)e^{-iux}\,dx = \int_{-1}^{1} 1 \cdot e^{-iux}\,dx = \left[\frac{1}{-iu}e^{-iux}\right]_{-1}^{1}$

$$= \frac{e^{-iu} - e^{iu}}{-iu} = \frac{2}{u} \cdot \frac{e^{iu} - e^{-iu}}{2i} = \frac{2\sin u}{u}$$

$\tilde{f}(x) = \dfrac{f(x+0) + f(x-0)}{2}$ とおくと，フーリエの積分定理より

$$\tilde{f}(x) = \frac{1}{2\pi}\int_{-\infty}^{\infty} \frac{2\sin u}{u}e^{iux}\,du$$

x と u を交換すると

$$\tilde{f}(u) = \frac{1}{2\pi}\int_{-\infty}^{\infty} \frac{2\sin x}{x}e^{iux}\,dx = \frac{1}{\pi}\int_{-\infty}^{\infty} \frac{\sin x}{x}e^{iux}\,dx$$

したがって

$$\mathcal{F}[g(x)] = \int_{-\infty}^{\infty} \frac{\sin x}{x}e^{-iux}\,dx = \pi\tilde{f}(-u) = \begin{cases} \pi & (|u| < 1) \\ \dfrac{\pi}{2} & (|u| = 1) \\ 0 & (|u| > 1) \end{cases} \quad /\!/$$

---

173 $f(x) = \begin{cases} 1 - |x| & (|x| \leqq 1) \\ 0 & (|x| > 1) \end{cases}$ のフーリエ変換を利用して，$g(x) = \dfrac{1 - \cos x}{x^2}$

のフーリエ変換を求めよ.

2──デルタ関数と周期的デルタ関数

平均 0, 分散 $\dfrac{\varepsilon}{2}$ の正規分布では

$$G_\varepsilon(x) = \frac{1}{\sqrt{\pi\varepsilon}}\, e^{-\frac{x^2}{\varepsilon}}$$

の形の確率密度関数をもつことが知られている. た
だし, ε は正の数とする. いくつかの ε について,
この関数のグラフをかくと右の図のようになる.

デルタ関数 $\delta(x)$ は $G_\varepsilon(x)$ の $\varepsilon \to +0$ としたと
きの極限になり, 次の性質を満たす.

(Ⅰ) $\displaystyle\int_{-\infty}^{\infty} \delta(x)\,dx = 1$

(Ⅱ) $\displaystyle\int_{-\infty}^{\infty} f(x)\,\delta(x)\,dx = f(0)$

デルタ関数は偶関数である.

(Ⅲ) $\delta(-x) = \delta(x)$

また, そのフーリエ変換とたたみこみについて, 次の公式が成り立つ.

(Ⅳ) $\mathcal{F}[\delta(x)] = 1$

(Ⅴ) $f * \delta = \delta * f = f$

174 デルタ関数は次の関数 $\varphi_\varepsilon(x)$ の $\varepsilon \to +0$ のと
きの極限と考えることもできる.

$$\varphi_\varepsilon(x) = \begin{cases} \dfrac{1}{2\varepsilon} & (|x| \leqq \varepsilon) \\ 0 & (|x| > \varepsilon) \end{cases}$$

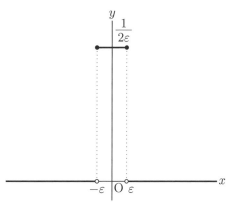

$\varphi_\varepsilon(x)$ について, 次の性質を証明せよ.

(1) $\displaystyle\int_{-\infty}^{\infty} \varphi_\varepsilon(x)\,dx = 1$

(2) $\displaystyle\lim_{\varepsilon \to +0}\int_{-\infty}^{\infty} f(x)\,\varphi_\varepsilon(x)\,dx = f(0)$

(3) $\displaystyle\lim_{\varepsilon \to +0}\mathcal{F}[\varphi_\varepsilon(x)] = 1$

(Ⅳ) に反転公式を形式的に適用すると

$$\delta(x) - \mathcal{F}^{-1}[1] = \frac{1}{2\pi}\int_{-\infty}^{\infty} e^{iux}du \tag{1}$$

(1) はふつうの意味では成り立たないが, 関数と積分の意味を拡張して数学的に取
り扱うことができる. このように拡張した関数は超関数と呼ばれている.

(1) で x と u を入れ換え, u のところを $-u$ に変えると

$$\delta(-u) = \frac{1}{2\pi} \int_{-\infty}^{\infty} e^{-iux} dx = \frac{1}{2\pi} \mathcal{F}[1]$$

(III) を用いると，次の公式が得られる．

$$\mathcal{F}[1] = 2\pi\delta(u) \qquad\qquad (2)$$

T を正の定数とするとき，デルタ関数が周期 T の間隔で現れる周期関数を**周期的デルタ関数** といい，$\delta_T(x)$ で表す．すなわち

$$\delta_T(x) = \sum_{n=-\infty}^{\infty} \delta(x - nT) \qquad\qquad (3)$$

周期的デルタ関数は下図のような関数の極限と考えられる．

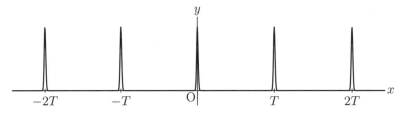

例題　周期的デルタ関数 $\delta_T(x)$ $(T > 0)$ の複素フーリエ級数を求めよ．

解　$\delta_T(x)$ は周期 T の周期関数だから，次のように表される．

$$\delta_T(x) = \delta(x) \quad \left(-\frac{T}{2} \leqq x < \frac{T}{2}\right), \quad \delta_T(x + T) = \delta_T(x)$$

$f(x) = e^{-i\frac{2n\pi x}{T}}$ とおくと，デルタ関数の性質 (II) より

$$c_n = \frac{1}{T} \int_{-\frac{T}{2}}^{\frac{T}{2}} \delta_T(x)\, e^{-i\frac{2n\pi x}{T}} dx = \frac{1}{T} \int_{-\frac{T}{2}}^{\frac{T}{2}} \delta(x)\, e^{-i\frac{2n\pi x}{T}} dx$$

$$= \frac{1}{T} \int_{-\frac{T}{2}}^{\frac{T}{2}} \delta(x)\, f(x)\, dx = \frac{1}{T} \cdot f(0) = \frac{1}{T}$$

したがって，$\delta_T(x)$ の複素フーリエ級数は　$\dfrac{1}{T} \displaystyle\sum_{n=-\infty}^{\infty} e^{i\frac{2n\pi x}{T}}$ 　　//

175 T を正の定数とするとき，周期的デルタ関数 $\delta_T(x)$ のフーリエ変換を求めよ．

3──補章関連

フーリエ級数とフーリエ変換

→教 p.160

フーリエ級数は，周期関数の性質を調べるために有用な方法であったが，周期をもたない関数を解析するには，フーリエ変換が用いられる．

フーリエ級数とフーリエ変換の関係を考えてみると，フーリエ変換は，周期関数のフーリエ級数において，周期を無限大にしたときのフーリエ係数にあたるものと考えることができる．

このことについて，具体的な関数を例に考えてみる．

例題 関数

$$f(x) = \begin{cases} x+1 & (-1 \leqq x < 1) \\ 1 & (x=1) \\ 0 & (x < -1,\ x > 1) \end{cases}$$

を周期 $2l$（l は 2 以上の整数）の関数と考える．このとき，次の問いに答えよ．

(1) 正の数 N について，$f(x)$ の第 $-Nl$ 項から第 Nl 項までの有限複素フーリエ級数 $\displaystyle\sum_{n=-Nl}^{Nl} c_n e^{i\frac{n\pi x}{l}}$ を求めよ．

(2) $u_n = \dfrac{n\pi}{l}$，$\Delta u_n = u_n - u_{n-1}$ とおくことで，$\displaystyle\lim_{l\to\infty}\sum_{n=-Nl}^{Nl} c_n e^{i\frac{n\pi x}{l}}$ を積分で表せ．

解 (1) $\quad c_0 = \dfrac{1}{2l}\displaystyle\int_{-l}^{l} f(x)\,dx = \dfrac{1}{2l}\int_{-1}^{1}(x+1)\,dx = \dfrac{1}{l}$

$n \neq 0$ のとき

$$c_n = \frac{1}{2l}\int_{-l}^{l} f(x)\,e^{-i\frac{n\pi x}{l}}\,dx = \frac{1}{2l}\int_{-1}^{1}(x+1)\,e^{-i\frac{n\pi x}{l}}\,dx$$

$$= \frac{1}{2l}\left(-\frac{2l}{in\pi}\,e^{-i\frac{n\pi}{l}} + \frac{l}{in\pi}\int_{-1}^{1} e^{-i\frac{n\pi x}{l}}\,dx\right)$$

$$= \frac{1}{2n^2\pi^2}\left(2in\pi e^{-i\frac{n\pi}{l}} - l\left(e^{i\frac{n\pi}{l}} - e^{-i\frac{n\pi}{l}}\right)\right)$$

したがって

$$\sum_{n=-Nl}^{Nl} c_n e^{i\frac{n\pi x}{l}} = \frac{1}{l} + \sum_{\substack{n=-Nl \\ n\neq 0}}^{Nl} \frac{1}{2n^2\pi^2}\left(2in\pi e^{-i\frac{n\pi}{l}} - l\left(e^{i\frac{n\pi}{l}} - e^{-i\frac{n\pi}{l}}\right)\right)e^{i\frac{n\pi x}{l}}$$

(2) $\quad \displaystyle\lim_{l\to\infty}\sum_{n=-Nl}^{Nl} c_n e^{i\frac{n\pi x}{l}}$

$$= \frac{1}{2\pi}\lim_{l\to\infty}\sum_{\substack{n=-Nl \\ n\neq 0}}^{Nl} \frac{2iu_n e^{-iu_n} - (e^{iu_n} - e^{-iu_n})}{u_n^2}\,e^{iu_n x}\,\Delta u_n$$

$$= \frac{1}{2\pi}\int_{-N\pi}^{N\pi} \frac{2iu e^{-iu} - (e^{iu} - e^{-iu})}{u^2}\,e^{iux}\,du \qquad //$$

176 例題において，$N \to \infty$ とすることにより，$f(x)$ のフーリエ変換 $F(u)$ を求めよ．

フーリエ級数と偏微分方程式

→ 教 p.175

177 次の条件を満たす熱伝導方程式 $\dfrac{\partial u}{\partial t} = 2\dfrac{\partial^2 u}{\partial x^2}$　$(0 < x < 2,\ t > 0)$ の解を求めよ．

$$u(0,\ t) = u(2,\ t) = 0, \quad u(x,\ 0) = x(2-x)$$

フーリエ変換と偏微分方程式

→教p.178

178 次の偏微分方程式について，以下の問いに答えよ．

$$\frac{\partial^2 u}{\partial t^2} = \frac{\partial^2 u}{\partial x^2} \qquad\qquad (*)$$

(1) $u(x,\ t)$ の x についてのフーリエ変換を $U(\xi,\ t)$ とおくとき，U の満たす方程式を求めよ．

(2) $U(\xi,\ t) = F(\xi)e^{i\xi t} + G(\xi)e^{-i\xi t}$ と表されることを証明せよ．ただし，$F,\ G$ は任意の関数である．

(3) $\mathcal{F}[f(x)] = F(\xi)$, $\mathcal{F}[g(x)] = G(\xi)$ とするとき，$(*)$ の解は，次のように表されることを証明せよ．

$$u(x,\ t) = f(x+t) + g(x-t)$$

4──いろいろな問題

179 周期関数

$$f(x) = \begin{cases} \sin x & (0 \leqq x < \pi) \\ 0 & (-\pi \leqq x < 0) \end{cases}, \qquad f(x+2\pi) = f(x)$$

について，次の問いに答えよ．

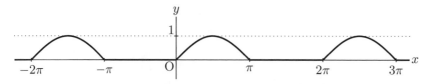

(1) $f(x)$ のフーリエ級数を求めよ．

(2) (1)とフーリエ級数の収束定理を用いて，次の級数の和を求めよ．

$$\frac{1}{1\cdot 3} - \frac{1}{3\cdot 5} + \frac{1}{5\cdot 7} - \cdots$$

180 $f(x)$ を $-l \leqq x \leqq l$ で定義された関数とする．このとき

$$a_m = \frac{1}{l}\int_{-l}^{l} f(x)\cos\left(\frac{m\pi}{l}x\right)\,dx \quad (m = 0,\ 1,\ 2,\ \cdots)$$

$$b_m = \frac{1}{l}\int_{-l}^{l} f(x)\sin\left(\frac{m\pi}{l}x\right)\,dx \quad (m = 1,\ 2,\ \cdots)$$

とすると，$f(x)$ は

$$f(x) = \frac{a_0}{2} + \sum_{m=1}^{\infty}\left(a_m\cos\frac{m\pi}{l}x + b_m\sin\frac{m\pi}{l}x\right) \qquad ①$$

と展開できる．

このとき，$-\frac{\pi}{2} \leqq x \leqq \frac{\pi}{2}$ で定義される関数 $f(x) = \cos x$ を ① 式で $l = \frac{\pi}{2}$ とした式に従い展開し，その展開式を利用し無限級数

$$\frac{1}{3} - \frac{1}{15} + \frac{1}{35} - \frac{1}{63} + \cdots + \frac{(-1)^{m-1}}{4m^2 - 1} + \cdots$$

の値を求めよ.　　　　　　　　　　　　　　　　　　　　　　　（東京大改）

181 関数 $f(x) = |x|\, e^{-|x|}$ のフーリエ変換を求めよ.

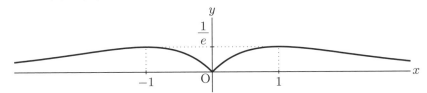

182 次の関数について，以下の問いに答えよ.

$$f(x) = \begin{cases} 1 - x^2 & (0 \leqq x \leqq 1) \\ 0 & (x < 0,\ x > 1) \end{cases}$$

(1) $f(x)$ のフーリエ変換を求めよ.

(2) フーリエの積分定理を適用して，次の等式を証明せよ.

$$\int_{-\infty}^{\infty} \frac{\sin u - u\cos u}{u^3}\, du = \frac{\pi}{2}$$

183 周期 2π の周期関数 $f(x)$ のフーリエ係数を $c_0,\ a_n,\ b_n$ とするとき，次の問いに答えよ.

(1) 次の定積分を $\displaystyle\int_{-\pi}^{\pi} \{f(x)\}^2 dx$ とフーリエ係数で表せ.

$$\int_{-\pi}^{\pi} \left\{ f(x) - \left(c_0 + \sum_{n=1}^{N} (a_n \cos nx + b_n \sin nx) \right) \right\}^2 dx$$

(2) 次の**ベッセルの不等式** を証明せよ.

$$2c_0{}^2 + \sum_{n=1}^{\infty} \left(a_n{}^2 + b_n{}^2 \right) \leqq \frac{1}{\pi} \int_{-\pi}^{\pi} \{f(x)\}^2\, dx$$

4 章　複素関数

1　正則関数

まとめ

- **複素数と極形式**

  - 複素数　$z = x + yi$　（x, y は実数）

    実部 $\mathrm{Re}(z) = x$, 虚部 $\mathrm{Im}(z) = y$, 絶対値 $|z| = \sqrt{x^2 + y^2}$

    共役複素数　$\bar{z} = \overline{x + yi} = x - yi$

  - オイラーの公式　$e^{i\theta} = \cos\theta + i\sin\theta$

  - 極形式　$z = r(\cos\theta + i\sin\theta) = re^{i\theta}$

    絶対値 $|z| = |re^{i\theta}| = r$, 偏角 $\arg z = \arg re^{i\theta} = \theta$

  - $|z_1 + z_2| \leqq |z_1| + |z_2|$

  - 複素数平面上の 2 点 z_1, z_2 の距離は　$|z_2 - z_1|$

  - $|z_1 z_2| = |z_1||z_2|$, $\arg z_1 z_2 = \arg z_1 + \arg z_2$

    $\left|\dfrac{z_1}{z_2}\right| = \dfrac{|z_1|}{|z_2|}$, $\arg \dfrac{z_1}{z_2} = \arg z_1 - \arg z_2$

  - ド・モアブルの公式

    $(\cos\theta + i\sin\theta)^n = \cos n\theta + i\sin n\theta$　（n は任意の整数）

- **複素関数**　$w = f(z)$

  - 指数関数　$e^z = e^x(\cos y + i\sin y)$　（周期 $2\pi i$）

  - 三角関数　$\cos z = \dfrac{e^{iz} + e^{-iz}}{2}$, $\sin z = \dfrac{e^{iz} - e^{-iz}}{2i}$　（周期 2π）

  - 1 次分数関数　$f(z) = \dfrac{az + b}{cz + d}$　$(ad - bc \neq 0)$

- **正則関数**

  - 関数 $f(z)$ は点 α で連続　$\Longleftrightarrow$　$\displaystyle\lim_{z \to \alpha} f(z) = f(\alpha)$

  - 導関数　$f'(z) = \displaystyle\lim_{\Delta z \to 0} \dfrac{f(z + \Delta z) - f(z)}{\Delta z}$

  - 領域 D で正則　$\Longleftrightarrow$　D 内のすべての点で微分可能

- **コーシー・リーマンの関係式**

  - $f(z) = u(x, y) + iv(x, y)$ が正則　$\Longleftrightarrow$　$u_x = v_y$, $u_y = -v_x$

    このとき　$f'(z) = u_x + iv_x = v_y - iu_y$

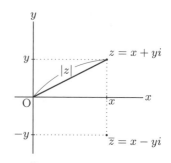

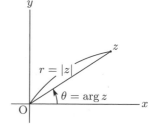

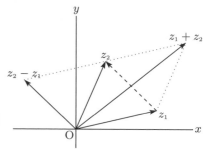

○ 微分公式　$(e^z)' = e^z$,　$(\cos z)' = -\sin z$,　$(\sin z)' = \cos z$

○ $\varphi(x,\ y)$ が調和関数 $\iff \varphi_{xx} + \varphi_{yy} = 0$

　正則関数の実部，虚部は調和関数である．

● **逆関数**　$w = g(z) \iff z = f(w)$

○ $z = re^{i\theta}$ のとき　$\sqrt{z} = \pm\sqrt{r}\,e^{i\frac{\theta}{2}}$　　　（2 価関数）

○ 対数関数　$w = \log z \iff z = e^w$

　$\log z = \log|z| + i\arg z$　$(z \neq 0)$　　（無限多価関数）

○ $w = g(z)$ が 1 価関数で $f'(w) \neq 0$ のとき　$g'(z) = \dfrac{1}{f'(w)}$

○ $(\log z)' = \dfrac{1}{z}$　$(z \neq 0)$

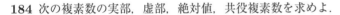

Basic

184 次の複素数の実部，虚部，絶対値，共役複素数を求めよ．　→ 教 p.107 問·1

(1) $(3+i)^2$　　　　　　　　　　　(2) $(1-3i)(2-i)$

(3) $\dfrac{1}{2-3i}$　　　　　　　　　(4) $\dfrac{1-2i}{1+3i}$

185 次が成り立つことを証明せよ．　→ 教 p.107 問·2

(1) $\mathrm{Re}(z_1 - z_2) = \mathrm{Re}(z_1) - \mathrm{Re}(z_2)$

(2) $\mathrm{Im}(z_1 + z_2) = \mathrm{Im}(z_1) + \mathrm{Im}(z_2)$

(3) $\mathrm{Re}\left(\dfrac{1}{z}\right) = \dfrac{\mathrm{Re}(z)}{\{\mathrm{Re}(z)\}^2 + \{\mathrm{Im}(z)\}^2}$

(4) $\mathrm{Im}(z^2) = 2\,\mathrm{Re}(z)\,\mathrm{Im}(z)$

(5) z が実数 $\iff |z| = |\mathrm{Re}(z)|$

(6) z が純虚数 $\iff |z| = |\mathrm{Im}(z)|$

186 次の複素数を極形式で表せ．ただし，偏角 θ の範囲を $0 \leqq \theta < 2\pi$ とする．　→ 教 p.108 問·3

(1) $-1-i$　　　(2) $\sqrt{3} - i$　　　(3) $-2i$　　　(4) -3

187 オイラーの公式を用いて，次の等式を証明せよ．　→ 教 p.108 問·4

(1) $\left|e^{-i\theta}\right| = 1$　　　　　　　　(2) $\overline{e^{-i\theta}} = e^{i\theta}$

188 次の 2 点の距離を求めよ．　→ 教 p.109 問·5

(1) $3+i,\ 2-4i$　　　　　　　　(2) $6,\ -8i$

189 次の不等式が成り立つことを証明せよ．　→ 教 p.109 問·6

$$|z_1 - z_2| \leqq |z_1| + |z_2|$$

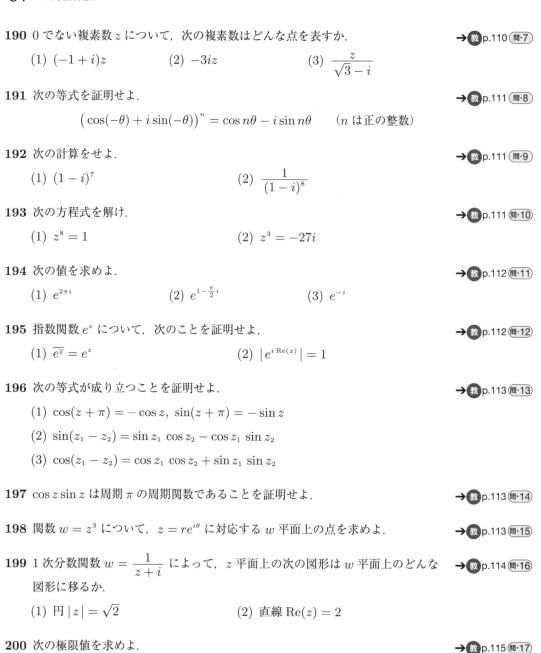

190 0 でない複素数 z について，次の複素数はどんな点を表すか． →教 p.110 問·7

(1) $(-1+i)z$　　　(2) $-3iz$　　　(3) $\dfrac{z}{\sqrt{3}-i}$

191 次の等式を証明せよ． →教 p.111 問·8

$$\left(\cos(-\theta)+i\sin(-\theta)\right)^n = \cos n\theta - i\sin n\theta \quad (n \text{ は正の整数})$$

192 次の計算をせよ． →教 p.111 問·9

(1) $(1-i)^7$　　　　　(2) $\dfrac{1}{(1-i)^8}$

193 次の方程式を解け． →教 p.111 問·10

(1) $z^8 = 1$　　　　　(2) $z^3 = -27i$

194 次の値を求めよ． →教 p.112 問·11

(1) $e^{2\pi i}$　　　(2) $e^{1-\frac{\pi}{2}i}$　　　(3) e^{-i}

195 指数関数 e^z について，次のことを証明せよ． →教 p.112 問·12

(1) $\overline{e^{\bar{z}}} = e^z$　　　　　(2) $\left|e^{i\operatorname{Re}(z)}\right| = 1$

196 次の等式が成り立つことを証明せよ． →教 p.113 問·13

(1) $\cos(z+\pi) = -\cos z,\ \sin(z+\pi) = -\sin z$

(2) $\sin(z_1 - z_2) = \sin z_1 \cos z_2 - \cos z_1 \sin z_2$

(3) $\cos(z_1 - z_2) = \cos z_1 \cos z_2 + \sin z_1 \sin z_2$

197 $\cos z \sin z$ は周期 π の周期関数であることを証明せよ． →教 p.113 問·14

198 関数 $w = z^3$ について，$z = re^{i\theta}$ に対応する w 平面上の点を求めよ． →教 p.113 問·15

199 1 次分数関数 $w = \dfrac{1}{z+i}$ によって，z 平面上の次の図形は w 平面上のどんな →教 p.114 問·16
図形に移るか．

(1) 円 $|z| = \sqrt{2}$　　　　　(2) 直線 $\operatorname{Re}(z) = 2$

200 次の極限値を求めよ． →教 p.115 問·17

(1) $\displaystyle\lim_{z \to 1+i} \dfrac{z^2}{z-1}$　　　　　(2) $\displaystyle\lim_{z \to 2+i} (z+\bar{z})^2$

(3) $\displaystyle\lim_{z \to -i} \dfrac{z^2+1}{(z+i)(2z+i)}$

201 次の関数を微分せよ． →教 p.117 問·18

(1) $w = (z^3 - i)(z^2 + iz - 3)$　　(2) $w = \dfrac{iz}{z-i}$

(3) $w = (z^2 - iz + 2)^5$

202 次の関数について，$w = u + vi$, $z = x + yi$ とおくとき，u, v は x, y のどんな関数か．

→ 教 p.117 問·19

(1) $w = \dfrac{1}{z-1}$　　　　(2) $w = (z-i)^2$　　　　(3) $w = (z + 2\overline{z})^2$

203 次の関数は正則か．もし正則ならば，導関数を求めよ．

→ 教 p.118 問·20

(1) $f(z) = (x+y) + (x-y)i$

(2) $f(z) = 2y(3x^2 - y^2) - 2x(x^2 - 3y^2)i$

204 関数 $f(z) = z^2 + iz - 1$ に対して，正則な関数 $g(z)$ が $g'(z) = f'(z)$ および $g(i) = 0$ を満たすとき，$g(z)$ を求めよ．

→ 教 p.118 問·21

205 $\cot z = \dfrac{\cos z}{\sin z}$ と定義するとき，$\cot z$ の導関数を求めよ．

→ 教 p.119 問·22

206 関数 $u = x^4 - 6x^2y^2 + y^4$ は調和関数であることを証明せよ．また，正則関数 $f(z) = z^4$ の実部であることを証明せよ．

→ 教 p.119 問·23

207 次の値を求めよ．

→ 教 p.120 問·24

(1) $\sqrt{-i}$　　　　(2) $\sqrt{-1+i}$

(3) $\sqrt{4i}$　　　　(4) $\sqrt{1 - \sqrt{3}\,i}$

208 次の値を $x + yi$ の形で表せ．

→ 教 p.121 問·25

(1) $\log(\sqrt{3} - i)$　　　　(2) $\log 5i$

209 $w = \sqrt{z}$ は値域を適当に制限すると，1 価関数となる．このとき，次の公式を証明せよ．

→ 教 p.121 問·26

$$(\sqrt{z})' = \frac{1}{2\sqrt{z}}$$

例えば，$0 \leqq \arg w < \pi$ とすると，1 価関数となる．

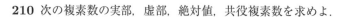

Check

210 次の複素数の実部，虚部，絶対値，共役複素数を求めよ．

(1) $(-1+3i)(3+2i)$ 　　　　(2) $(2i^7+i^5)(i^{10}-5i^3)$

(3) $\dfrac{1}{i}+\dfrac{1}{1-i}$ 　　　　(4) $\dfrac{3+i}{2-i}+\dfrac{2+i}{i(3-i)}$

211 次の複素数を極形式で表せ．ただし，偏角 θ の範囲を $0\leqq\theta<2\pi$ とする．

(1) $1+\sqrt{3}i$ 　　　(2) $\dfrac{-1+\sqrt{3}i}{-\sqrt{3}+i}$ 　　　(3) $\dfrac{1}{8}(1+i)^6$

212 次の不等式が成り立つことを証明せよ． 　　　　　　　　　　　$|z_1+z_2|\leqq|z_1|+|z_2|$ を用いよ．

(1) $|z_1+z_2+z_3|\leqq|z_1|+|z_2|+|z_3|$

(2) $-|z_1+z_2|\leqq|z_1|-|z_2|\leqq|z_1+z_2|$

213 次の値を求めよ．

(1) $e^{1+\pi i}$ 　　　　(2) $\cos\pi i$ 　　　　(3) $\sin(\pi-i)$

214 関数 $w=2z+i$ によって，次の図形はどんな図形に移るか．

(1) 直線 $\mathrm{Im}(z)=1$ 　　　　(2) 円 $|z-1|=2$

215 次の極限値を求めよ．

(1) $\displaystyle\lim_{z\to 0}\dfrac{z+i}{z-i}$ 　　　　(2) $\displaystyle\lim_{z\to i}\dfrac{z^2-iz}{z^2+1}$

216 次の関数を微分せよ．

(1) $w=(z^2-iz)(z+1)$ 　　　　(2) $w=\dfrac{i}{(z-i)^2}$

217 次の関数は正則か．もし正則ならば，導関数を求めよ．

(1) $f(z)=\overline{z}$

(2) $f(z)=(2xy+5y+3)+(-x^2+y^2-5x)i$

(3) $f(z)=e^{-y}(\cos x+i\sin x)$

218 次の関数は調和関数であることを証明せよ．

(1) $\varphi(x,\,y)=3x^2y-y^3$ 　　　　(2) $\varphi(x,\,y)=e^{-x}\sin y$

219 次の値を求めよ．

(1) $\sqrt{3i}$ 　　　　(2) $\log(-\sqrt{3}+i)$

Step up

例題 z の実部，虚部をそれぞれ x, y とおくとき，次の式を z と $\overline{z}$ で表せ．

$$2x + y + i(x - 2y)$$

解 $x = \dfrac{z + \overline{z}}{2}$, $y = \dfrac{z - \overline{z}}{2i}$ より

$$2x + y + i(x - 2y) = 2 \cdot \frac{z + \overline{z}}{2} + \frac{z - \overline{z}}{2i} + i\left(\frac{z + \overline{z}}{2} - 2 \cdot \frac{z - \overline{z}}{2i}\right)$$
$$= z + \overline{z} - \frac{z - \overline{z}}{2}i + \frac{z + \overline{z}}{2}i - z + \overline{z}$$
$$= 2\overline{z} + \overline{z}i = (2 + i)\overline{z} \qquad //$$

220 z の実部，虚部をそれぞれ x, y とおくとき，次の式を z と $\overline{z}$ で表せ．

(1) $-2y + 1 + 2xi$ 　　　　　(2) $x^2 - y^2 + x + (2xy - y)i$

例題 z 平面上の直線 $ax + by + c = 0$ $(x = \mathrm{Re}(z),\ y = \mathrm{Im}(z))$ は次のように表されることを証明せよ．ただし，α は複素数，k は実数の定数である．

$$\overline{\alpha}z + \alpha\overline{z} + k = 0$$

解 $x = \dfrac{1}{2}(z + \overline{z})$, $y = \dfrac{1}{2i}(z - \overline{z})$ より，直線の方程式は

$$\frac{a}{2}(z + \overline{z}) + \frac{b}{2i}(z - \overline{z}) + c = 0$$

整理すると $\quad (a - bi)z + (a + bi)\overline{z} + 2c = 0$

ここで，$\alpha = a + bi$, $k = 2c$ とすると，k は実数であり，直線の方程式は

$$\overline{\alpha}z + \alpha\overline{z} + k = 0$$

と表される． $\qquad //$

221 z 平面上の点 α を中心とする半径 r の円は次のように表されることを証明せよ．

$$z\overline{z} - (\overline{\alpha}z + \alpha\overline{z}) + \alpha\overline{\alpha} - r^2 = 0$$

例題 a, b, c を複素数，$a \neq 0$ とするとき，次の方程式を解け．

$$az^2 + bz + c = 0$$

解 方程式を変形すると $\quad a\left(z + \dfrac{b}{2a}\right)^2 - \dfrac{b^2 - 4ac}{4a} = 0$

これから

$$\left\{2a\left(z + \frac{b}{2a}\right)\right\}^2 = b^2 - 4ac$$
$$2a\left(z + \frac{b}{2a}\right) = \sqrt{b^2 - 4ac} \quad (\text{2 価関数})$$

したがって $\quad z = -\dfrac{b}{2a} + \dfrac{\sqrt{b^2 - 4ac}}{2a} = \dfrac{-b + \sqrt{b^2 - 4ac}}{2a} \qquad //$

222 次の方程式を解け.

(1) $z^2 - 4iz + 1 = 0$　　　　　　　(2) $z^2 - 2iz - (i+1) = 0$

例題 次の等式を証明せよ. ただし, $x,\ y$ は実数である.

$$\sin(x + iy) = \sin x \cosh y + i \cos x \sinh y$$

....

解　双曲線関数の定義より　$\cosh y = \dfrac{e^y + e^{-y}}{2},\ \sinh y = \dfrac{e^y - e^{-y}}{2}$

よって

$$
\begin{aligned}
\text{左辺} &= \sin x \cos iy + \cos x \sin iy \\
&= \sin x \cdot \frac{e^{-y} + e^y}{2} + \cos x \cdot \frac{e^{-y} - e^y}{2i} \\
&= \sin x \cdot \frac{e^y + e^{-y}}{2} + i \cos x \cdot \frac{e^y - e^{-y}}{2} \\
&= \sin x \cosh y + i \cos x \sinh y \\
&= \text{右辺} \hspace{6cm} /\!/
\end{aligned}
$$

223 次の等式を証明せよ. ただし, $x,\ y$ は実数である.

$$\cos(x + iy) = \cos x \cosh y - i \sin x \sinh y$$

例題 関数 $w = z + \dfrac{1}{z}$ による円 $|z| = r$ の像は, $u = \mathrm{Re}(w),\ v = \mathrm{Im}(w)$ とおくとき, 次のようになることを証明せよ.

$$r = 1 \text{ のとき}　　\text{線分 } v = 0,\ -2 \leqq u \leqq 2$$

$$r \neq 1 \text{ のとき}　　\text{楕円 } \frac{u^2}{\left(r + \frac{1}{r}\right)^2} + \frac{v^2}{\left(r - \frac{1}{r}\right)^2} = 1$$

....

解　円 $|z| = r$ 上の点は $z = re^{i\theta}$ と表されるから

$$
\begin{aligned}
w &= re^{i\theta} + \frac{1}{re^{i\theta}} = r(\cos\theta + i\sin\theta) + \frac{1}{r}(\cos\theta - i\sin\theta) \\
&= \left(r + \frac{1}{r}\right)\cos\theta + i\left(r - \frac{1}{r}\right)\sin\theta
\end{aligned}
$$

これから

$$u = \left(r + \frac{1}{r}\right)\cos\theta,\ \ v = \left(r - \frac{1}{r}\right)\sin\theta$$

$r = 1$ のとき　$u = 2\cos\theta,\ v = 0$

よって, 線分 $v = 0,\ -2 \leqq u \leqq 2$ に移る.

また, $r \neq 1$ のとき

$$\cos\theta = \frac{u}{r + \frac{1}{r}},\ \sin\theta = \frac{v}{r - \frac{1}{r}}$$

したがって, 楕円 $\dfrac{u^2}{\left(r + \frac{1}{r}\right)^2} + \dfrac{v^2}{\left(r - \frac{1}{r}\right)^2} = 1$ に移る. $\hspace{2cm} /\!/$

224 関数 $w = z + \dfrac{1}{z}$ による半直線 $z = te^{i\alpha}$ $(t > 0)$ の像は次のようになることを証明せよ．ただし，$0 \leqq \alpha \leqq \dfrac{\pi}{2}$ とする．

$\alpha = 0$ のとき　　　半直線 $v = 0,\ u \geqq 2$

$0 < \alpha < \dfrac{\pi}{2}$ のとき　双曲線 $\dfrac{u^2}{(2\cos\alpha)^2} - \dfrac{v^2}{(2\sin\alpha)^2} = 1$ の右半分

$\alpha = \dfrac{\pi}{2}$ のとき　　　直線 $u = 0$

225 関数 $w = \sin z$ による直線 $x = \dfrac{\pi}{3}$ および線分 $y = 1,\ 0 \leqq x \leqq 2\pi$ の像を求めよ．

例題 関数 $u(x,\ y) = x^2 - y^2 - y$ は調和関数であることを示し，$u(x,\ y)$ を実部とする正則関数を求めよ．

解 $u_{xx} = 2,\ u_{yy} = -2$ だから

$$u_{xx} + u_{yy} = 0$$

よって，$u(x,\ y)$ は調和関数である．

$u(x,\ y)$ を実部とする正則関数を

$$f(z) = u(x,\ y) + iv(x,\ y)$$

とおくと，コーシー・リーマンの関係式より

$$v_y = u_x = 2x,\ v_x = -u_y = 2y + 1$$

第 1 式を y について積分すると

$$v = 2xy + \varphi(x) \quad (\text{ただし，}\varphi(x) \text{ は } x \text{ だけの関数}) \tag{①}$$

第 2 式に代入すると　$2y + \varphi'(x) = 2y + 1$

これから　$\varphi'(x) = 1$

$$\therefore\ \varphi(x) = x + c \quad (\text{ただし，}c \text{ は実数の任意定数})$$

①に代入すると，$v = 2xy + x + c$ となるから

$$\begin{aligned}
f(z) &= x^2 - y^2 - y + i(2xy + x + c) \\
&= x^2 + 2xyi - y^2 - y + xi + ci \\
&= (x + yi)^2 + i(x + yi) + ci \\
&= z^2 + iz + ci \quad (\text{ただし，}c \text{ は実数の任意定数}) \qquad //
\end{aligned}$$

226 次の関数 $u(x,\ y)$ は調和関数であることを示し，$u(x,\ y)$ を実部とする正則関数を求めよ．

(1) $u(x,\ y) = x^2 - y^2$ 　　　　　　　(2) $u(x,\ y) = e^x \cos y$

2 積分

まとめ

- **複素積分** 積分路 C は区分的に滑らかで，$f(z)$ は C 上で連続とする.

  ○ 点 α を中心とする半径 r の円の方程式 $z = \alpha + re^{it} \quad (0 \leqq t \leqq 2\pi)$

  点 z_1 から点 z_2 に至る線分の方程式 $z = (1-t)z_1 + tz_2 \quad (0 \leqq t \leqq 1)$

  ○ $\displaystyle \int_C f(z)\,dz = \lim_{\Delta z_k \to 0} \sum_{k=1}^{n} f(z_k)\Delta z_k$
  $\displaystyle \qquad\qquad = \int_a^b f(z(t))\frac{dz}{dt}\,dt \quad (C \text{ が滑らかなとき})$

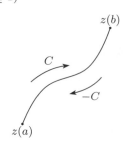

  ○ 円 $C : z = \alpha + re^{it} \ (0 \leqq t \leqq 2\pi)$ について
  $$\int_C \frac{1}{z-\alpha}\,dz = 2\pi i, \quad \int_C \frac{1}{(z-\alpha)^n}\,dz = 0 \quad (n \text{ は 2 以上の整数})$$

  ○ 複素積分の性質
  $$\int_{-C} f(z)\,dz = -\int_C f(z)\,dz$$
  $$\int_{C_1+C_2} f(z)\,dz = \int_{C_1} f(z)\,dz + \int_{C_2} f(z)\,dz$$
  $$\int_C kf(z)\,dz = k\int_C f(z)\,dz \quad (k \text{ は定数})$$
  $$\int_C (f(z)+g(z))\,dz = \int_C f(z)\,dz + \int_C g(z)\,dz$$

  ○ 積分の絶対値の評価 $\displaystyle \left| \int_C f(z)\,dz \right| \leqq \int_a^b \left| f(z(t)) \right| \left| \frac{dz}{dt} \right| dt$

  ○ $F(z)$ が $f(z)$ の不定積分 $\iff F'(z) = f(z)$

  このとき $\displaystyle \int_C f(z)\,dz = F(\beta) - F(\alpha) \quad (C \text{ は } \alpha \text{ から } \beta \text{ に至る曲線})$

- **コーシーの積分定理**

  $f(z)$ は領域 D で正則とし，C, C_1, C_2 は D 内の単純閉曲線とする.

  ○ C の内部が D に含まれるとき $\displaystyle \int_C f(z)\,dz = 0$

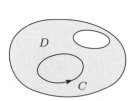

  ○ C_2 は C_1 の内部にあり，C_1 と C_2 の間にある部分が D に含まれるとき
  $$\int_{C_1} f(z)\,dz = \int_{C_2} f(z)\,dz$$

  ○ C 上にない点 α について
  $$\int_C \frac{1}{z-\alpha}\,dz = \begin{cases} 0 & (\text{点 } \alpha \text{ が } C \text{ の外部にあるとき}) \\ 2\pi i & (\text{点 } \alpha \text{ が } C \text{ の内部にあるとき}) \end{cases}$$

  ○ 単連結な領域 D で正則な関数は D で不定積分をもつ.

● **コーシーの積分表示**

$f(z)$ は領域 D で正則，C は D 内の単純閉曲線で，C の内部は D に含まれる

とき，C の内部の点 α について

$$f(\alpha) = \frac{1}{2\pi i} \int_C \frac{f(z)}{z - \alpha}\, dz$$

$$f^{(n)}(\alpha) = \frac{n!}{2\pi i} \int_C \frac{f(z)}{(z - \alpha)^{n+1}}\, dz \quad (n = 1,\ 2,\ \cdots)$$

● **べき級数**

α を中心とするべき級数

$$a_0 + a_1(z - \alpha) + a_2(z - \alpha)^2 + \cdots + a_n(z - \alpha)^n + \cdots \qquad (*)$$

収束半径 $R : |z - \alpha| < R$ のとき収束，$|z - \alpha| > R$ のとき発散

$|z - \alpha| < R$ のとき，べき級数 $(*)$ は正則で，その導関数は

$$a_1 + 2a_2(z - \alpha) + \cdots + na_n(z - \alpha)^{n-1} + \cdots$$

● **関数の展開**

○ $f(z)$ は領域 D で正則とし，D 内の 1 点を α とする．α を中心とする半径 R の

円 C が D に含まれるならば，$|z - \alpha| < R$ のとき，$f(z)$ は α を中心とするテ

イラー展開で表される．

$$f(z) = \sum_{n=0}^{\infty} a_n(z - \alpha)^n \quad \left(a_n = \frac{f^{(n)}(\alpha)}{n!} \right)$$

○ $f(z)$ の α を中心とするローラン展開

$$f(z) = \sum_{n=-\infty}^{\infty} a_n(z - \alpha)^n$$

● **孤立特異点と留数**

○ $f(z)$ の孤立特異点 α

α を中心とする十分小さな円の周および内部で，$f(z)$ は α を除き正則

○ 留数　$\mathrm{Res}[f,\ \alpha] = \dfrac{1}{2\pi i} \displaystyle\int_C f(z)\, dz$

○ 点 α が 1 位の極のとき　$\mathrm{Res}[f,\ \alpha] = \lim_{z \to \alpha}(z - \alpha)f(z)$

点 α が k 位の極 $(k \geqq 2)$ のとき

$$\mathrm{Res}[f,\ \alpha] = \frac{1}{(k-1)!} \lim_{z \to \alpha} \frac{d^{k-1}}{dz^{k-1}} \left\{ (z - \alpha)^k f(z) \right\}$$

● **留数定理**

単純閉曲線 C の内部にある特異点 $\alpha_1,\ \alpha_2,\ \cdots,\ \alpha_n$ を除き，C の周および内

部で $f(z)$ が正則ならば

$$\int_C f(z)\, dz = 2\pi i\big(\mathrm{Res}[f,\ \alpha_1] + \mathrm{Res}[f,\ \alpha_2] + \cdots + \mathrm{Res}[f,\ \alpha_n] \big)$$

Basic

227 次の曲線の方程式を求めよ.　　　　　　　　　　　　　　→教p.124 問·1

(1) 点 i を中心とする半径 2 の円　　　(2) 点 3 から点 $-i$ に至る線分

228 次の複素積分の値を求めよ.　　　　　　　　　　　　　→教p.126 問·2

(1) $\displaystyle\int_C z\,dz$　　　　　　$C : z = 2t + it^2 \ (0 \leqq t \leqq 1)$

(2) $\displaystyle\int_C z^5\,dz$　　　　　　$C : z = t + it \ (0 \leqq t \leqq 1)$

229 $C : z = 3 + re^{it} \ (0 \leqq t \leqq 2\pi)$ のとき，次の複素積分の値を求めよ.　→教p.126 問·3

(1) $\displaystyle\int_C \frac{1}{z-3}\,dz$　　　　　　　(2) $\displaystyle\int_C \frac{1}{(z-3)^2}\,dz$

230 次の複素積分の値を求めよ.　　　　　　　　　　　　　→教p.127 問·4

(1) $\displaystyle\int_C z\,dz$　　　　　　　$C : 1$ から $1+i$ に至る線分

(2) $\displaystyle\int_C (z-2)^4\,dz$　　　　$C : 2$ を中心とする半径 1 の円の 3 から 1 に至る上半円

(3) $\displaystyle\int_C \operatorname{Im}(z)\,dz$　　　　$C : 0$ から $1+i$，$1+i$ から i，i から 0 に至る三角形の周

231 次の積分の値を求めよ.　　　　　　　　　　　　　　→教p.129 問·5

(1) $\displaystyle\int_C z^3\,dz$　　　　　　$C : 0$ から $1+i$ に至る任意の曲線

(2) $\displaystyle\int_C \cos z\,dz$　　　　$C : \pi$ から $-i$ に至る任意の曲線

232 関数 $\dfrac{1}{z-2i}$ の次の曲線に沿う積分の値を求めよ.　→教p.133 問·6

(1) 原点を中心とする単位円

(2) 3 点 $-1,\ 1,\ 3i$ でつくられる三角形の周

233 次の問いに答えよ.　　　　　　　　　　　　　　　　→教p.133 問·7

(1) $\dfrac{3z+2i}{z^2+4} = \dfrac{a}{z-2i} + \dfrac{b}{z+2i}$ を満たす定数 $a,\ b$ を求めよ.

(2) 原点を中心とする半径 3 の円を C とするとき，$\displaystyle\int_C \frac{3z+2i}{z^2+4}\,dz$ の値を求めよ.

234 点 i を中心とする半径 $\dfrac{1}{2}$ の円を C_1，点 $-i$ を中心とする半径 $\dfrac{1}{2}$ の円を C_2，原点を中心とする半径 2 の円を C とするとき，次の積分の値を求めよ.　→教p.133 問·8

(1) $\displaystyle\int_{C_1} \frac{1}{z-i}\,dz$　　　(2) $\displaystyle\int_{C_2} \frac{1}{z-i}\,dz$　　　(3) $\displaystyle\int_C \frac{1}{z-i}\,dz$

235 原点を中心とする半径 4 の円を C とするとき，次の積分の値を求めよ． → 教 p.136 問·9

(1) $\displaystyle \int_C \frac{e^{iz}}{z-\pi}\,dz$ 　　　　　　　(2) $\displaystyle \int_C \frac{z^2}{z+2i}\,dz$

236 関数 $f(z) = \dfrac{1}{3-z}$ の 1 を中心とするテイラー展開を求めよ． → 教 p.139 問·10

237 次の関数の（　）内の点を中心とするローラン展開を求めよ． → 教 p.140 問·11

(1) $\dfrac{1}{(z+2)(z+3)}$ 　$(z=-3)$ 　　(2) $\dfrac{1}{(z-1)(z-2)^2}$ 　$(z=2)$

238 次の関数の孤立特異点における留数を求めよ． → 教 p.144 問·12

(1) $f(z) = \dfrac{2z+3}{(z-2)(z+2)}$ 　　　　(2) $f(z) = \dfrac{e^z}{z^4}$

(3) $f(z) = \dfrac{ze^{-z}}{(z-2i)^2}$ 　　　　　(4) $f(z) = \dfrac{z+1}{z^2(z-4)}$

239 次の積分の値を求めよ．ただし，C はその右に示す円とする． → 教 p.145 問·13

(1) $\displaystyle \int_C \frac{3z-4}{z^2-4z}\,dz$ 　　　　　$C:|z-3|=2$

(2) $\displaystyle \int_C \frac{z+3}{z^2+1}\,dz$ 　　　　　$C:|z|=2$

(3) $\displaystyle \int_C \frac{e^z}{(z-1)^2(z+1)}\,dz$ 　　　$C:|z+1|=3$

240 原点を中心とする半径 1 の円を C とするとき，次の積分の値を求めよ． → 教 p.146 問·14

(1) $\displaystyle \int_C \frac{dz}{(z-\sqrt{2})(1-\sqrt{2}z)}$ 　　　(2) $\displaystyle \int_0^{2\pi} \frac{dt}{3-2\sqrt{2}\cos t}$

Check

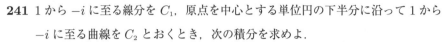

241 1 から $-i$ に至る線分を C_1，原点を中心とする単位円の下半分に沿って 1 から $-i$ に至る曲線を C_2 とおくとき，次の積分を求めよ．

(1) $\displaystyle\int_{C_1} z^2\,dz$　　(2) $\displaystyle\int_{C_2} z^2\,dz$　　(3) $\displaystyle\int_{C_1} \overline{z}\,dz$　　(4) $\displaystyle\int_{C_2} \overline{z}\,dz$

242 次の積分を求めよ．

(1) $\displaystyle\int_{C} (z^2 - iz + 2)\,dz$　　$C : 0$ から $3+i$ に至る曲線

(2) $\displaystyle\int_{C} ze^z dz$　　　　　　$C : \pi$ から $2\pi i$ に至る曲線

243 コーシーの積分表示の公式を用いて次の積分の値を求めよ．

(1) $\displaystyle\int_{C} \frac{e^z}{z+2}\,dz$　　　　$C : |z+2| = 1$

(2) $\displaystyle\int_{C} \frac{e^{iz}}{z^2+1}\,dz$　　　　$C : |z| = 2$

(3) $\displaystyle\int_{C} \frac{z^3+1}{z^2+1}\,dz$　　　$C : $ 点 $-1,\ 1,\ -2i$ を頂点とする三角形の周

(4) $\displaystyle\int_{C} \frac{-\sin z}{(z-\pi)^2}\,dz$　　$C : $ 点 $-i,\ 4-i,\ 4+i,\ i$ を頂点とする長方形の周

244 次の関数の孤立特異点を中心とするローラン展開を求めよ．

(1) $\dfrac{\sin z}{z-\pi}$　　　　　　　(2) $\dfrac{1}{z^2+7z+12}$

245 次の関数の孤立特異点における留数を求めよ．

(1) $f(z) = \dfrac{\cos z}{z(z-1)}$　　　(2) $f(z) = \dfrac{1}{z^4(z+1)}$

(3) $f(z) = \dfrac{e^{-z}}{z^2+9}$　　　(4) $f(z) = \dfrac{\sin z}{z(z-i)^2}$

246 次の積分の値を求めよ．

(1) $\displaystyle\int_{C} \frac{2z+3}{z(z-4)}\,dz$　　　　$C : |z-3| = 2$

(2) $\displaystyle\int_{C} \frac{e^{3z}}{z^2+1}\,dz$　　　　　$C : |z| = 3$

(3) $\displaystyle\int_{C} \frac{e^{iz}}{(z-1)^2(z+1)}\,dz$　　$C : |z-1| = 1$

247 原点を中心とする半径 1 の円を C とするとき，次の積分の値を求めよ．

(1) $\displaystyle\int_{C} \frac{dz}{(z-\sqrt{3})(1-\sqrt{3}z)}$　　(2) $\displaystyle\int_{0}^{2\pi} \frac{dt}{4-2\sqrt{3}\cos t}$

Step up

例題 次の関数の（　）内の点を中心とするテイラー展開を求めよ．また，その収束半径を求めよ．

(1) $\dfrac{1}{1-2z}$　　$(z=0)$　　　　(2) $\dfrac{1}{(1-2z)^2}$　　$(z=0)$

....

解　等比級数　$1+z+z^2+\cdots+z^{n-1}+\cdots=\dfrac{1}{1-z}$　$(|z|<1)$　を用いる．

(1) $\dfrac{1}{1-2z}=1+(2z)+(2z)^2+\cdots+(2z)^{n-1}+\cdots$　　$(|2z|<1)$

$\qquad\qquad=1+2z+4z^2+\cdots+2^{n-1}z^{n-1}+\cdots$

$\quad|z|<\dfrac{1}{2}$ より，収束半径は　$\dfrac{1}{2}$

(2) (1) の結果を項別に微分すると

$$\dfrac{2}{(1-2z)^2}=2+8z+24z^2+\cdots+n\cdot2^n z^{n-1}+\cdots$$

これより

$$\dfrac{1}{(1-2z)^2}=1+4z+12z^2+\cdots+n\cdot2^{n-1}z^{n-1}+\cdots$$

収束半径は，微分する前の級数と一致するから　$\dfrac{1}{2}$　　　　　//

248 次の関数の（　）内の点を中心とするテイラー展開を求めよ．また，その収束半径を求めよ．

(1) $\dfrac{1}{1-z^3}$　　　$(z=0)$　　　　(2) $\dfrac{1}{1-3z}$　　　$(z=0)$

(3) $\dfrac{1}{(1-3z)^2}$　$(z=0)$　　　　(4) $\dfrac{1}{1-z}$　　　$(z=i)$

例題 積分 $\displaystyle\int_C \dfrac{1}{z^4-1}\,dz$ の値を次の曲線 C について求めよ．

(1) 円 $|z|=2$

(2) $-\dfrac{1}{2}-2i,\ -\dfrac{1}{2}+2i,\ 2$ を頂点とする三角形の周

....

解　$z^4-1=(z+1)(z-1)(z+i)(z-i)$ より

$f(z)=\dfrac{1}{z^4-1}$ の孤立特異点は点 $\pm1,\ \pm i$ で，それぞれの点における留数は

$\mathrm{Res}[f,\ 1]=\dfrac{1}{4},\ \mathrm{Res}[f,\ -1]=-\dfrac{1}{4},\ \ \mathrm{Res}[f,\ i]=\dfrac{1}{4}i,\ \mathrm{Res}[f,\ -i]=-\dfrac{1}{4}i$

(1) $\pm1,\ \pm i$ は円 C の内部にあるから

$$\int_C \dfrac{1}{z^4-1}\,dz=2\pi i\left(\dfrac{1}{4}-\dfrac{1}{4}+\dfrac{1}{4}i-\dfrac{1}{4}i\right)=0$$

(2) $1,\ \pm i$ は三角形 C の内部にあるから

$$\int_C \dfrac{1}{z^4-1}\,dz=2\pi i\left(\dfrac{1}{4}+\dfrac{1}{4}i-\dfrac{1}{4}i\right)=\dfrac{\pi}{2}i$$　　　　//

249 積分 $\displaystyle\int_C \dfrac{z}{z^4 - 16}\,dz$ の値を次の曲線 C について求めよ.

(1) 円 $|z - 1| = 2$

(2) $1 + 3i$, $-1 + 3i$, $-1 - 3i$, $1 - 3i$ を頂点とする四角形の周

250 1 から $2i$ に至る線分を C_1, $2i$ から -1 に至る線分を C_2, -1 から 1 に至る線分を C_3 とするとき, 次の積分の値を求めよ.

(1) $\displaystyle\int_{C_1 + C_2 + C_3} \dfrac{dz}{z^2 + 3}$
(2) $\displaystyle\int_{C_1 + C_2} \dfrac{dz}{z^2 + 3}$

251 曲線 C を円 $|z - 1| = \dfrac{1}{2}$ とするとき, 積分 $\displaystyle\int_C \dfrac{\sqrt{z}}{z - 1}\,dz$ の値を求めよ. ただし, $\sqrt{z}$ は $\dfrac{\pi}{2} < \arg \sqrt{z} \leqq \dfrac{3}{2}\pi$ と制限した 1 価関数とする.

例題 関数 $f(z)$ が円 $|z - \alpha| = r$ の周および内部を含む領域で正則であるとき,

$$f(\alpha) = \frac{1}{2\pi} \int_0^{2\pi} f(\alpha + re^{it})\,dt$$

が成り立つことを証明せよ.

. . . .

解 コーシーの積分表示を $C : z = \alpha + re^{it}$ $(0 \leqq t \leqq 2\pi)$ で表すと

$$f(\alpha) = \frac{1}{2\pi i} \int_0^{2\pi} \frac{f(\alpha + re^{it})}{re^{it}} ire^{it}\,dt = \frac{1}{2\pi} \int_0^{2\pi} f(\alpha + re^{it})\,dt \qquad //$$

---

252 関数 $f(z)$, $g(z)$ は領域 D で正則とし, D 内の単純閉曲線 C の内部は D に含まれるとする. このとき, C 上で $f(z) = g(z)$ であれば, C の内部にある任意の点 α について, $f(\alpha) = g(\alpha)$ であることを証明せよ.

例題 $g(z)$, $h(z)$ が正則で, $f(z) = \dfrac{g(z)}{h(z)}$ の孤立特異点 α が 1 位の極であるとき, 次の等式が成り立つことを証明せよ.

$$\text{Res}[f, \alpha] = \frac{g(\alpha)}{h'(\alpha)}$$

. . . .

解 α は $f(z)$ の 1 位の極だから $h(\alpha) = 0$

$$\text{Res}[f, \alpha] = \lim_{z \to \alpha}(z - \alpha)\frac{g(z)}{h(z)}$$

$$= \lim_{z \to \alpha} \frac{g(z)}{\dfrac{h(z) - h(\alpha)}{z - \alpha}} = \frac{g(\alpha)}{h'(\alpha)} \qquad //$$

---

253 次の関数の孤立特異点における留数を求めよ.

(1) $\dfrac{e^{-z}}{z^2 + 1}$
(2) $\dfrac{z}{z^3 + 1}$

例題 積分 $I = \displaystyle\int_0^{2\pi} \dfrac{d\theta}{5 + 4\cos\theta}$ の値を求めよ.

解　$z = e^{i\theta}$ とおく. $0 \leqq \theta \leqq 2\pi$ のとき, z は単位円 C を 1 周する.

$$dz = ie^{i\theta}d\theta \ \ \text{より} \quad d\theta = \frac{dz}{iz}$$

$$5 + 4\cos\theta = 5 + 4 \times \frac{1}{2}\left(z + \frac{1}{z}\right)$$

$$= \frac{2z^2 + 5z + 2}{z} = \frac{(2z+1)(z+2)}{z}$$

$$I = \int_C \frac{z}{(2z+1)(z+2)} \frac{dz}{iz} = \frac{1}{i}\int_C \frac{dz}{(2z+1)(z+2)}$$

$$= \frac{1}{i} \times 2\pi i \operatorname{Res}\left[\frac{1}{(2z+1)(z+2)}, -\frac{1}{2}\right]$$

$$= 2\pi \lim_{z \to -\frac{1}{2}}\left(z + \frac{1}{2}\right)\frac{1}{(2z+1)(z+2)} = 2\pi \times \frac{1}{3} = \frac{2\pi}{3} \qquad /\!/$$

254 次の積分の値を求めよ.

(1) $\displaystyle\int_0^{2\pi} \dfrac{d\theta}{5 + 3\sin\theta}$ 　　　(2) $\displaystyle\int_0^{2\pi} \dfrac{d\theta}{(5 + 4\sin\theta)^2}$

例題 積分 $I = \displaystyle\int_{-\infty}^{\infty} \dfrac{dx}{x^4 + 1}$ の値を求めよ.

解　図のように半円 C_R と線分 C をとり

$f(z) = \dfrac{1}{z^4 + 1}$ とおく. （ただし, $R > 1$）

$C_R + C$ の内部にある $f(z)$ の孤立特異点は

$$z_1 = e^{\frac{\pi}{4}i}, \ z_2 = e^{\frac{3\pi}{4}i}$$

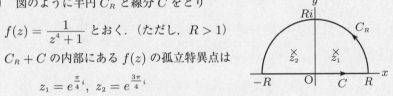

であり, z_1, z_2 における留数はそれぞれ $\dfrac{1}{4}e^{-\frac{3\pi}{4}i}$, $\dfrac{1}{4}e^{-\frac{\pi}{4}i}$

$$\therefore \quad \int_{C+C_R} \frac{dz}{z^4 + 1} = 2\pi i\left(\frac{-1-i}{4\sqrt{2}} + \frac{1-i}{4\sqrt{2}}\right) = \frac{\sqrt{2}\pi}{2}$$

一方, この左辺の積分は

$$\int_{C_R} \frac{dz}{z^4 + 1} + \int_{-R}^{R} \frac{dx}{x^4 + 1}$$

であり, 第 1 項について

$$\left|\int_{C_R} \frac{dz}{z^4 + 1}\right| \leqq \frac{\pi R}{R^4 - 1} = \frac{\pi}{R^3 - R^{-1}} \to 0 \quad (R \to \infty)$$

したがって　$I = \displaystyle\int_{-\infty}^{\infty} \dfrac{dx}{x^4 + 1} = \dfrac{\sqrt{2}\pi}{2}$ 　　　$/\!/$

255 次の積分の値を求めよ.

(1) $\displaystyle\int_{-\infty}^{\infty} \dfrac{x\sin x}{(x^2 + 4)^2}\, dx$ 　　　(2) $\displaystyle\int_{-\infty}^{\infty} \dfrac{2\cos x}{x^4 + 5x^2 + 4}\, dx$

(1), (2) それぞれ

$f(z) = \dfrac{ze^{iz}}{(z^2 + 4)^2}$

$f(z) = \dfrac{2e^{iz}}{z^4 + 5z^2 + 4}$

についての積分を考えよ.

Plus

1 —— 1 次分数関数

1 次分数関数 $f(z) = \dfrac{az+b}{cz+d}$ $(ad - bc \neq 0,\ c \neq 0)$ は円または直線を円または
直線に移すことが次のように証明される.

$$f(z) = \frac{az+b}{cz+d} = \frac{a}{c} + \frac{b - \dfrac{ad}{c}}{cz+d} = \frac{bc-ad}{c^2} \cdot \frac{1}{z + \dfrac{d}{c}} + \frac{a}{c}$$

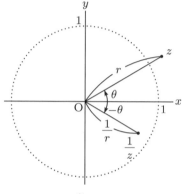

より

$$f_1(z) = z + \gamma_1 \ \left(\gamma_1 = \frac{d}{c}\right) \qquad f_2(z) = \frac{1}{z}$$

$$f_3(z) = \delta z \ \left(\delta = \frac{bc-ad}{c^2}\right) \quad f_4(z) = z + \gamma_2 \ \left(\gamma_2 = \frac{a}{c}\right)$$

とすると, $f(z)$ は 1 次分数関数

$$f_1(z),\ f_2(z),\ f_3(z),\ f_4(z)$$

を合成して得られる.

1 次分数関数 $w = z + \gamma_k$ は平行移動, $w = \delta z$ は回転拡大（縮小）
を表すから, 円または直線を円または直線に移す.

1 次分数関数 $w = \dfrac{1}{z}$ については, $z = \dfrac{1}{w}$ として, 円の方程式

$$z\bar{z} - (\bar{\alpha}z + \alpha\bar{z}) + \beta = 0 \quad (\beta \text{ は実数},\ \alpha\bar{\alpha} - \beta > 0)$$

に代入すると

$$\frac{1}{w\bar{w}} - \left(\bar{\alpha}\frac{1}{w} + \alpha\frac{1}{\bar{w}}\right) + \beta = 0$$

$$1 - (\bar{\alpha}\bar{w} + \alpha w) + \beta w\bar{w} = 0$$

したがって, $\beta = 0$ のとき

$$1 - (\bar{\alpha}\bar{w} + \alpha w) = 0$$

より直線を表し, $\beta \neq 0$ のとき

$$w\bar{w} - \left(\frac{\alpha}{\beta}w + \frac{\bar{\alpha}}{\beta}\bar{w}\right) + \frac{1}{\beta} = 0, \quad \frac{\alpha}{\beta}\frac{\bar{\alpha}}{\beta} - \frac{1}{\beta} = \frac{\alpha\bar{\alpha} - \beta}{\beta^2} > 0$$

より円を表す.

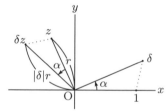

同様に, 直線の方程式

$$\bar{\alpha}z + \alpha\bar{z} + k = 0$$

に代入すると, 円または直線の方程式が得られる.

よって, 任意の 1 次分数関数はこれら 3 つの形の 1 次分数関数の合成となるから,
円または直線を円または直線に移す.

256 $f(z) = \dfrac{\dfrac{\sqrt{3}}{3}z - 1}{2z + 2\sqrt{3}}$ により, 円 $|z - i| = 2$ はどんな図形に移るか.

（大阪大）

2── n 価関数

3 以上の整数 n について，$w = z^n$ の逆関数を $\boldsymbol{w = \sqrt[n]{z}}$ で表す．

$z \neq 0$ のとき，$r = |z|$，$\theta = \arg z$ とすると　$w^n = z$，$\left(\sqrt[n]{r} e^{i\frac{\theta}{n}}\right)^n = z$

したがって　$\left(\dfrac{w}{\sqrt[n]{r} e^{i\frac{\theta}{n}}}\right)^n = 1$

n 乗して 1 になるから，1 の n 乗根 $\omega_k = e^{i\frac{2\pi k}{n}}$ を用いて書き表すと

$$\frac{w}{\sqrt[n]{r} e^{i\frac{\theta}{n}}} = \omega_k \quad (k = 0,\ 1,\ 2,\ \cdots,\ n-1)$$

よって　$w = \sqrt[n]{z} = \sqrt[n]{r}\, e^{i\frac{\theta}{n}} \omega_k \quad (k = 0,\ 1,\ 2,\ \cdots,\ n-1)$

$w = \sqrt[n]{z}$ は，$z \neq 0$ のとき上に示す n 個の値をとるから，**n 価関数**という．

また，2 価以上の関数をまとめて**多価関数**という．

257 $w = \sqrt[4]{z}$ の値域を適当に制限して 1 価関数とするとき，次の公式を証明せよ．

$$(\sqrt[4]{z})' = \frac{1}{4(\sqrt[4]{z})^3}$$

3── 対数関数の主値

z を複素数とするとき

$$\log z = \log|z| + i \arg z \qquad (z \neq 0)$$

$\arg z$ の値は 2π の整数倍の差だけの任意性があるから，$\log z$ は $z \neq 0$ のとき無限多価関数である．$\log z$ の値の範囲を $-\pi < \arg z \leqq \pi$ に制限すると，一意的に定まる．これを $\mathrm{Log}\, z$ と書き，$\log z$ の**主値**という．

特に，z が正の実数の場合は，$\mathrm{Log}\, z$ は実数のときの自然対数 $\log z$ に一致する．

例 1　$z = 2i$ のとき，$|z| = 2$，$\arg z = \dfrac{\pi}{2} + 2n\pi$ だから

$$\log 2i = \log 2 + \left(\frac{\pi}{2} + 2n\pi\right) i \quad (n\ は整数)$$

$$\mathrm{Log}\, 2i = \log 2 + \frac{\pi}{2} i$$

右辺の $\log 2$ は実数のときの自然対数を表す．

例題　方程式 $\sin z = i$ を解け．

. . . .

解　$\sin z = \dfrac{e^{iz} - e^{-iz}}{2i}$ より，方程式は　$e^{iz} - e^{-iz} = -2$

$e^{iz} = w$ とすると $w^2 + 2w - 1 = 0$ より　$w = -1 \pm \sqrt{2}$

すなわち　$iz = \log(-1 \pm \sqrt{2}) = \mathrm{Log}(-1 \pm \sqrt{2}) + 2n\pi i \quad (n\ は整数)$

$$\mathrm{Log}(-1 + \sqrt{2}) = \log(-1 + \sqrt{2})$$

$$\mathrm{Log}(-1 - \sqrt{2}) = \log(1 + \sqrt{2}) + \pi i$$

よって　$z = 2n\pi - i \log(-1 + \sqrt{2})$,

$\qquad (2n+1)\pi - i \log(1 + \sqrt{2}) \quad (n\ は整数)$　　//

$\log(-1 + \sqrt{2})$,
$\log(1 + \sqrt{2})$
は実数のときの自然対数を表す．

258 次の方程式を解け.

(1) $\sin z = 3i$　　　（筑波大）　　(2) $\sin z = 2$　　　（北海道大）

4── 一般のべき関数

実数 $x(>0)$, y, α について, $y = x^\alpha$ であるとき, 両辺の対数をとると

$$\log y = \alpha \log x$$

したがって, 次の等式が成り立つ.

$$y = x^\alpha = e^{\alpha \log x}$$

この関係が複素数 z, α に対しても成り立つように

$$\boldsymbol{z^\alpha = e^{\alpha \log z}}$$

と定義して, これを z の**べき関数**という.

$\log z$ は無限多価関数だから, z^α も一般には無限多価関数である.

例題 0 でない複素数 z について $z^{\frac{1}{2}} = \sqrt{z}$ が成り立つことを証明せよ.

解 $z = re^{i\theta}$ とおくと　$\log z = \log r + i(\theta + 2n\pi)$　（n は整数）

したがって　$z^{\frac{1}{2}} = e^{\frac{1}{2}\log z} = e^{\frac{1}{2}\log r} e^{i\frac{\theta}{2}} e^{in\pi} = \pm\sqrt{r} e^{i\frac{\theta}{2}}$

これは $\sqrt{z}$ の定義と一致する. すなわち　$z^{\frac{1}{2}} = \sqrt{z}$　　　//

---

259 0 でない複素数 z について $z^{\frac{1}{3}} = \sqrt[3]{z}$ が成り立つことを証明せよ.

例題 i^i を極形式で表せ.

解 $i = e^{i\frac{\pi}{2}}$ より　$\log i = \log|i| + i \arg i = i\left(\dfrac{\pi}{2} + 2n\pi\right)$　（n は整数）

したがって　$i^i = e^{i \log i} = e^{-\frac{\pi}{2} - 2n\pi}$　　　//

---

260 次の値を極形式で表せ.

(1) $(-2)^i$　　　　　(2) i^{1+i}　　　　　(3) $(1+i)^i$

5── 正則関数による写像の等角性

複素関数 $w = f(z)$ は, z 平面上の点 z に w 平面上の点 w を対応させる. 点 z に点 w を対応させるこの操作を $w = f(z)$ による**写像**といい, 点 w を点 z の**像**という. また, z 平面上の図形 F に対して, その各点の像全体が作る w 平面上の図形を F の像という.

指数関数 $w = e^z$ の実部を u, 虚部を v とし, $z = x + yi$ とおくと

$$e^z = e^x(\cos y + i \sin y)$$

$$u = e^x \cos y, \ v = e^x \sin y$$

x 軸すなわち z 平面上の実軸は $y=0$ で表されるから　$u=e^x,\ v=0$

したがって，x 軸の像は u 軸の正の部分である．

　同様に，x 軸に平行な直線 $y=\alpha$（α は定数）の像は，半直線

$$u=r\cos\alpha,\ \ v=r\sin\alpha\ \ \ \ (r=e^x>0)$$

であることがわかる．

　次に，y 軸上の線分 $x=0,\ 0\leqq y\leqq 2\pi$ の像は　$u=\cos y,\ v=\sin y$

これから　$u^2+v^2=1$

すなわち，原点を中心とする単位円である．

　また，線分 $x=c,\ 0\leqq y\leqq 2\pi$（c は定数）の像は，円 $u^2+v^2=(e^c)^2$ であり，これらの対応を図示すると次のようになる．

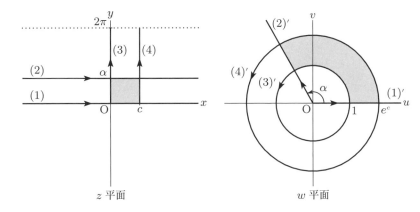

　図から，直線 (1), (2) と線分 (3), (4) は互いに直交しており，それらの像も交点の像において互いに直交していることがわかる．

　一般に，関数 $w=f(z)$ が領域 D で正則であるとき，$f'(z_0)\neq 0$ である D 内の点 z_0 で交わる 2 つの曲線のなす角は，これらに対応する w 平面上の 2 つの曲線のなす角に向きを含めて等しい．これを正則関数による写像の**等角性**といい，次のように証明される．

　D 内の 1 点 z_0 を通る D 内の曲線 C_1, C_2 をとり，関数 $f(z)$ によるこれらの像をそれぞれ K_1, K_2 とすれば，K_1, K_2 は点 z_0 の像 w_0 を通る．

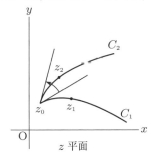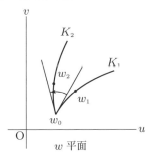

曲線 C_1, C_2 上にそれぞれ点 z_0 に近い点 z_1, z_2 をとり，それらの像をそれぞれ w_1, w_2 とすると

$$f'(z_0) = \lim_{\Delta z \to 0} \frac{\Delta w}{\Delta z} = \lim_{z_1 \to z_0} \frac{w_1 - w_0}{z_1 - z_0} = \lim_{z_2 \to z_0} \frac{w_2 - w_0}{z_2 - z_0}$$

となるから，次の近似式が成り立つ．

$$w_1 - w_0 \fallingdotseq f'(z_0)(z_1 - z_0) , \quad w_2 - w_0 \fallingdotseq f'(z_0)(z_2 - z_0)$$

したがって，$f'(z_0) \neq 0$ とすると

$$\arg(w_1 - w_0) \fallingdotseq \arg f'(z_0) + \arg(z_1 - z_0)$$

$$\arg(w_2 - w_0) \fallingdotseq \arg f'(z_0) + \arg(z_2 - z_0)$$

これから

$$\arg(w_2 - w_0) - \arg(w_1 - w_0) \fallingdotseq \arg(z_2 - z_0) - \arg(z_1 - z_0) \tag{1}$$

複素数 $w_2 - w_0$ はベクトル $\overrightarrow{w_0 w_2}$ に対応し，他も同様だから，(1) より

$$\angle w_1 w_0 w_2 \fallingdotseq \angle z_1 z_0 z_2 \tag{2}$$

$z_1 \to z_0$, $z_2 \to z_0$ のとき，(2) の右辺は，2 曲線 C_1, C_2 の z_0 における接線のなす角に，(2) の左辺は，w_0 における 2 曲線 K_1, K_2 のなす角に限りなく近づく．

261 関数 $w = iz^2$ による 2 直線 $x = 1$, $y = 1$ の像の方程式を求めよ．また，等角性に注意して，それらのグラフをかけ．

6 —— 補章関連

コーシーの積分定理

→ 教 p.166

関数 $f(z)$ は領域 D で正則で，D 内の単純閉曲線 C で囲まれた部分が D に含まれるとする．このとき，次の等式が成り立つ．

$$\int_C f(z)\,dz = 0$$

コーシーの積分定理を用いた積分を例題として示す．

例題　原点を中心とする単位円の上半分に沿って点 -1 から点 1 に至る曲線を C とする．このとき，次の積分の値を求めよ．

$$\int_C \frac{1}{z^2 + 2}\,dz$$

解　$z^2 + 2 = (z - \sqrt{2}i)(z + \sqrt{2}i)$

よって，$\dfrac{1}{z^2 + 2}$ は，2 点 $\sqrt{2}i$，$-\sqrt{2}i$ を除いた全平面で正則である．

-1 から 1 に至る実軸上の線分を C_1 とすると，コーシーの積分定理より，閉曲線 $C_1 + (-C)$ に沿った積分の値は 0 である．すなわち

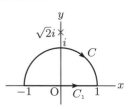

$$\int_{C_1+(-C)} \frac{1}{z^2+2} \, dz = \int_{C_1} \frac{1}{z^2+2} \, dz - \int_C \frac{1}{z^2+2} \, dz = 0$$

$$\therefore \quad \int_C \frac{1}{z^2+2} \, dz = \int_{C_1} \frac{1}{z^2+2} \, dz = \int_{-1}^{1} \frac{1}{t^2+2} \, dt$$

$$= 2\int_0^1 \frac{1}{t^2+2} \, dt = 2\left[\frac{1}{\sqrt{2}}\tan^{-1}\frac{t}{\sqrt{2}}\right]_0^1 = \sqrt{2}\tan^{-1}\frac{1}{\sqrt{2}} \qquad //$$

262 関数 $\dfrac{1}{z^2+4}$ について，次の曲線に沿った積分の値を求めよ.

(1) 原点を中心とする単位円の下半分に沿って -1 から 1 に至る曲線

(2) 原点を中心とする単位円の右半分に沿って $-i$ から i に至る曲線

実積分の計算

→ 教 p.168

次の等式が成り立つ.

$$\int_{-\infty}^{\infty} e^{-(x+ai)^2} \, dx = \sqrt{\pi} \qquad (a \text{ は実数の定数})$$

$$\int_0^{\infty} \frac{\sin x}{x} \, dx = \frac{\pi}{2}$$

263 $R > 0$ について，線分

$$C : z = t + it \qquad (0 \leqq t \leqq R)$$

$$C_1 : z = t \qquad (0 \leqq t \leqq 2R)$$

$$C_2 : z = (2R - t) + it \quad (0 \leqq t \leqq R)$$

とおくとき，次のことを証明せよ.

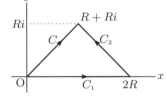

(1) $R \to \infty$ のとき $\displaystyle\int_{C_2} e^{-z^2} \, dz \to 0$ (2) $\displaystyle\int_0^{\infty} e^{-2t^2 i} \, dt = \frac{\sqrt{\pi}}{4}(1-i)$

(3) $\displaystyle\int_0^{\infty} \cos(2t^2) \, dt = \int_0^{\infty} \sin(2t^2) \, dt = \frac{\sqrt{\pi}}{4}$

264 広義積分 $\displaystyle\int_0^{\infty} \cos(t^2) \, dt$ の値を求めよ.

265 $f(z) = \dfrac{1-e^{iz}}{z^2}$ とし，図のように半円 C_R, C_r および線分 C_1, C_2 をとるとき，次のことを証明せよ.

教科書 p.169(4) を用いよ.
$$\lim_{r \to 0} \int_{-C_r} f(z) \, dz = \pi i \text{Res}[f, 0]$$

(1) 0 は $f(z)$ の 1 位の極である.

(2) C_R 上で $|f(z)| \leqq \dfrac{3}{R^2}$

(3) $\displaystyle\int_{C_1} f(z) \, dz + \int_{C_2} f(z) \, dz$
$$= 2\int_r^R \frac{1-\cos x}{x^2} \, dx$$

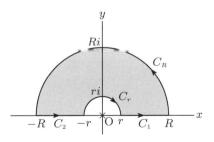

(4) $\displaystyle\int_0^{\infty} \frac{1-\cos x}{x^2} \, dx = \frac{\pi}{2}$

例題 図のように半円 C_R と線分 C をとり，$f(z) = \dfrac{e^{2iz}}{z^2+1}$ とおく．このとき，次のことを証明せよ．ただし，$R > 1$ とする．

(1) $\displaystyle\int_{C_R+C} f(z)\,dz = \dfrac{\pi}{e^2}$

(2) C_R 上で　$|f(z)| \leqq \dfrac{1}{R^2-1}$

(3) $\displaystyle\lim_{R\to\infty}\int_{C_R} f(z)\,dz = 0$

(4) $\displaystyle\int_{-\infty}^{\infty}\dfrac{\cos 2x}{x^2+1}\,dx = \dfrac{\pi}{e^2}$

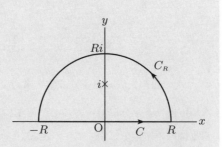

解 　C_R は $z = Re^{it}\ (0\leqq t \leqq \pi)$ と表せる．

(1) 留数定理より
$$\int_{C_R+C} f(z)\,dz = 2\pi i\,\mathrm{Res}[f,\ i] = 2\pi i \times \dfrac{e^{-2}}{2i} = \dfrac{\pi}{e^2}$$

(2) C_R 上で $z = R(\cos t + i\sin t)$ より
$$|e^{2iz}| = |e^{-2R\sin t + i2R\cos t}| = e^{-2R\sin t}$$
$$\therefore\ |f(z)| = \dfrac{|e^{2iz}|}{|z^2+1|} \leqq \dfrac{e^{-2R\sin t}}{|z|^2-1} \leqq \dfrac{1}{R^2-1}$$

(3) (2) と C_R 上で $\dfrac{dz}{dt} = iRe^{it}$ より
$$\left|\int_{C_R} f(z)\,dz\right| \leqq \int_0^{\pi} |f(z)|\left|\dfrac{dz}{dt}\right|dt \leqq \int_0^{\pi} \dfrac{R}{R^2-1}\,dt$$
$$= \dfrac{\pi R}{R^2-1} = \dfrac{\pi}{R-R^{-1}} \longrightarrow 0 \quad (R\to\infty)$$
$$\therefore\ \lim_{R\to\infty}\int_{C_R} f(z)\,dz = 0$$

(4) (1) より
$$\int_{C_R} f(z)\,dz + \int_{-R}^{R} \dfrac{e^{2xi}}{x^2+1}\,dx = \dfrac{\pi}{e^2}$$

$R\to\infty$ とすると，(3) より
$$\int_{-\infty}^{\infty}\dfrac{\cos 2x + i\sin 2x}{x^2+1}\,dx = \dfrac{\pi}{e^2}$$

両辺の実部を比較して
$$\int_{-\infty}^{\infty}\dfrac{\cos 2x}{x^2+1}\,dx = \dfrac{\pi}{e^2}\qquad //$$

266 例題の図のように半円 C_R と線分 C をとり，$f(z) = \dfrac{e^{iz}}{z^2+1}$ とおく．このとき，次の等式を証明せよ．
$$\int_{-\infty}^{\infty}\dfrac{\cos x}{x^2+1}\,dx = \dfrac{\pi}{e}$$

7——いろいろな問題

267 複素数平面上で次の 3 点が正三角形を作るとき, 点 w を求めよ.

   (1) $0,\ 1+i,\ w$ (2) $0,\ -\sqrt{3}+i,\ w$

268 複素数平面上で, 次の式が表す z 平面上の図形は何か.

   (1) $\mathrm{Re}\{(2+i)z\}=1$ (2) $|5z-i|=|3z-7i|$ （大阪大）

269 1 次分数関数 $w=\dfrac{z-1}{z+2}$ によって, z 平面上の次の図形は w 平面上のどんな図形に移るか.

   (1) 円 $z\bar{z}-(2-i)z-(2+i)\bar{z}+3=0$

   (2) 直線 $(2-i)z+(2+i)\bar{z}-1=0$

270 次の方程式を解け.

   (1) $(1+i)\bar{z}-3+4i=0$ (2) $(2+i)z+(3-2i)\bar{z}=5$

   (3) $z\bar{z}+2z-3\bar{z}-3+5i=0$

271 単純閉曲線 C と C 上にない 2 点 $\alpha,\ \beta$ $(\alpha\neq\beta)$ について, 次を証明せよ.

$$\int_C \frac{1}{(z-\alpha)(z-\beta)}dz=\begin{cases} 0 & (\alpha,\ \beta\ \text{が}\ C\ \text{の外部にあるとき}) \\ 0 & (\alpha,\ \beta\ \text{が}\ C\ \text{の内部にあるとき}) \\ \dfrac{2\pi i}{\alpha-\beta} & (\alpha\ \text{だけが}\ C\ \text{の内部にあるとき}) \end{cases}$$

272 複素数 $z=x+iy$ （$x,\ y$ は実数, i は虚数単位）について, 次の不等式が成り立つことを証明せよ.

$$\left|e^{2z+i}+e^{iz^2}\right|\leqq e^{2x}+e^{-2xy}$$ （北海道大）

273 複素関数 $f(z)=f(x+iy)=(x^2-y^2)+ibxy$ が正則となるように係数 b を定めよ. また, そのときの $f(z)$ の導関数を求めよ.   （東京大）

274 $\alpha,\ \beta,\ z_1,\ z_2,\ z_3$ は複素数で $|z_1|=|z_2|=|z_3|=1,\ z_1+z_2+z_3=\alpha,$ $z_1z_2z_3=\beta$ を満たすとする. このとき, 次の問いに答えよ.

   (1) $\dfrac{1}{z_1}+\dfrac{1}{z_2}+\dfrac{1}{z_3}=\bar{\alpha}$ であることを証明せよ. ただし, $\bar{\alpha}$ は α の共役複素数を表す.

   (2) $z_2z_3+z_3z_1+z_1z_2=\bar{\alpha}\beta$ であることを証明せよ.   （静岡大）

解答

1 ベクトル関数

Basic

1 $2k$

2 $\boldsymbol{a} \times \boldsymbol{b} = (-1,\ 7,\ 5),\ \boldsymbol{b} \times \boldsymbol{a} = (1,\ -7,\ -5)$

3 $\overrightarrow{\mathrm{AB}} \times \overrightarrow{\mathrm{AC}} = (5,\ 4,\ -3),\ $ 面積 $\dfrac{5\sqrt{2}}{2}$

4 (1) $-\boldsymbol{i},\ \boldsymbol{0}$ (2) $\boldsymbol{j},\ \boldsymbol{j}$

5 (1) $\boldsymbol{a}'(t) = (3t^2,\ 1,\ 2e^{2t}),\ \boldsymbol{a}'(1) = (3,\ 1,\ 2e^2)$

(2) $\boldsymbol{b}'(t) = (-2\sin t,\ 3\cos t,\ 2t)$

$\boldsymbol{b}'\left(\dfrac{\pi}{2}\right) = (-2,\ 0,\ \pi)$

6 $\sqrt{10}$

7 式の証明は，$\boldsymbol{a} = (a_x, a_y, a_z)$ とし，積の微分公式を用いよ．

$\{\boldsymbol{a}(t) \cdot \boldsymbol{b}(t)\}' = \boldsymbol{a}' \cdot \boldsymbol{b} + \boldsymbol{a} \cdot \boldsymbol{b}'$

$= (3 + 2t^2 + 4t) + (t^2 - 1 - 2t) = 3t^2 + 2t + 2$

$\{\boldsymbol{a}(t) \times \boldsymbol{b}(t)\}' = \boldsymbol{a}' \times \boldsymbol{b} + \boldsymbol{a} \times \boldsymbol{b}'$

$= (-2t^3,\ 3t^2,\ t+6) + (-2t^3 + 2t - 1,\ 6t^2,\ 3t)$

$= (-4t^3 + 2t - 1,\ 9t^2,\ 4t + 6)$

8 $\boldsymbol{t} = \dfrac{1}{\sqrt{4t^2 + 1}}(-\sin t,\ \cos t,\ 2t)$

9 $\left|\dfrac{d\boldsymbol{r}}{dt}\right| = 2t + \dfrac{1}{t}\ $ より $\ 3 + \log 2$

10 (1) $\pm\dfrac{1}{\sqrt{14}}(-2,\ 3,\ 1)$

(2) $\pm\dfrac{1}{\sqrt{2u^2 + 2v^2 + 4}}(u + v,\ u - v,\ -2)$

11 (1) $\left(-\dfrac{e^u - e^{-u}}{2},\ 0,\ 1\right)$

(2) $\dfrac{e^u + e^{-u}}{2}$ (3) $e - \dfrac{1}{e}$

Check

12 $\pm\dfrac{1}{\sqrt{3}}(-1,\ 1,\ 1)$ ⇒2,3

13 $k = -1,\ 3$ ⇒3

14 (1) $(3,\ 1,\ 2t)$

(2) $(-2\sin 2t,\ 2\cos 2t,\ 0)$

(3) 2

(4) $(2t - 1)\cos 2t + (-6t + 1)\sin 2t + 2t$ ⇒5,6,7

15 $(\boldsymbol{a} \times \boldsymbol{b})' = \boldsymbol{a}' \times \boldsymbol{b} + \boldsymbol{a} \times \boldsymbol{b}'$

$\boldsymbol{c} \times \boldsymbol{c} = \boldsymbol{0}$ を用いよ． ⇒7

16 $\boldsymbol{t} = \dfrac{1}{\sqrt{8t^2 + 3}}(2t + 1,\ 2t - 1,\ 1)$ ⇒8

17 (1) $\left|\dfrac{d\boldsymbol{r}}{dt}\right| = t^2 + 2\ $ より $\ \dfrac{13}{3}$

(2) $\left|\dfrac{d\boldsymbol{r}}{dt}\right| = e^t + e^{-t}\ $ より $\ e - \dfrac{1}{e}$ ⇒9

18 (1) $\left(\dfrac{u}{\sqrt{1 - u^2}},\ 0,\ 1\right)$ (2) $\dfrac{1}{\sqrt{1 - u^2}}$

(3) $\pm(u,\ 0,\ \sqrt{1 - u^2})$ ⇒10

19 $\left|\dfrac{\partial \boldsymbol{r}}{\partial u} \times \dfrac{\partial \boldsymbol{r}}{\partial v}\right| = \sqrt{2}u\ $ より $\ S = \sqrt{2}\pi$ ⇒11

Step up

20 $\dfrac{d\boldsymbol{r}}{dt} = (1 - 2\cos 2t,\ 2\sin 2t,\ 2\sqrt{2}\cos t)$

$\left|\dfrac{d\boldsymbol{r}}{dt}\right| = 3\ \ \therefore\ \displaystyle\int_0^t \left|\dfrac{d\boldsymbol{r}}{dt}\right|dt = 3\int_0^t dt = 3t$

21 (1) $\dfrac{\partial \boldsymbol{r}}{\partial u} \times \dfrac{\partial \boldsymbol{r}}{\partial v}$

$= (-ab\cos u \sin^2 v,\ -ab\sin u \sin^2 v,$

$- a^2 \sin v \cos v)$

$\left|\dfrac{\partial \boldsymbol{r}}{\partial u} \times \dfrac{\partial \boldsymbol{r}}{\partial v}\right| = a\sin v \sqrt{a^2 \cos^2 v + b^2 \sin^2 v}$

(2) $S = \displaystyle\iint_D \sin v \sqrt{\cos^2 v + 2\sin^2 v}\ dudv$

$= \displaystyle\int_0^{2\pi} \left\{\int_0^\pi \sin v \sqrt{2 - \cos^2 v}\ dv\right\}du$

$$= 2\pi \int_{-1}^{1} \sqrt{2 - t^2}\, dt \qquad (\cos v = t)$$

$$= 2\pi \left[t\sqrt{2 - t^2} + 2\sin^{-1}\frac{t}{\sqrt{2}} \right]_0^1$$

$$= \pi(2 + \pi)$$

22 (1) $\dfrac{\partial \boldsymbol{r}}{\partial u} \times \dfrac{\partial \boldsymbol{r}}{\partial v} = (\sin v,\ -\cos v,\ u)$

$$\left| \frac{\partial \boldsymbol{r}}{\partial u} \times \frac{\partial \boldsymbol{r}}{\partial v} \right| = \sqrt{u^2 + 1} \ \text{より}$$

$$\boldsymbol{n} = \pm\frac{1}{\sqrt{u^2 + 1}}(\sin v,\ -\cos v,\ u)$$

$$S = \iint_D \left| \frac{\partial \boldsymbol{r}}{\partial u} \times \frac{\partial \boldsymbol{r}}{\partial v} \right| du\,dv$$

$$= \int_0^1 \left\{ \int_0^1 \sqrt{u^2 + 1}\ du \right\} dv$$

$$= \left[\frac{1}{2} \left(u\sqrt{u^2 + 1} \right.\right.$$
$$\left.\left. + \log\left| u + \sqrt{u^2 + 1} \right| \right) \right]_0^1$$

$$= \frac{1}{2}\left(\sqrt{2} + \log(1 + \sqrt{2}\,) \right)$$

(2) $\dfrac{\partial \boldsymbol{r}}{\partial u} \times \dfrac{\partial \boldsymbol{r}}{\partial v} = (-u,\ -v,\ 1)$

$$\left| \frac{\partial \boldsymbol{r}}{\partial u} \times \frac{\partial \boldsymbol{r}}{\partial v} \right| = \sqrt{u^2 + v^2 + 1} \ \text{より}$$

$$\boldsymbol{n} = \pm\frac{1}{\sqrt{u^2 + v^2 + 1}}(-u,\ -v,\ 1)$$

$$S = \iint_D \left| \frac{\partial \boldsymbol{r}}{\partial u} \times \frac{\partial \boldsymbol{r}}{\partial v} \right| du\,dv$$

$$= \iint_D \sqrt{u^2 + v^2 + 1}\ du\,dv$$

$u = r\cos\theta,\ v = r\sin\theta\ \text{とおくと}$

$$D : 0 \leqq r \leqq 1,\ 0 \leqq \theta \leqq 2\pi$$

$$\therefore\ \ S = \int_0^{2\pi} \left\{ \int_0^1 \sqrt{r^2 + 1}\ r\,dr \right\} d\theta$$

$$= \frac{2\pi}{3}\left(2\sqrt{2} - 1 \right)$$

23 $(\overrightarrow{OA} \times \overrightarrow{OB}) \cdot \overrightarrow{OC} = (-5,\ 6,\ 7) \cdot (3,\ -1,\ 2)$

$$= -7$$

よって，求める体積は　$|-7| = 7$

$$(\overrightarrow{OA} \times \overrightarrow{OB}) \cdot \overrightarrow{OC} = \begin{vmatrix} 3 & -1 & 2 \\ 2 & -3 & 4 \\ 1 & 2 & -1 \end{vmatrix} = -7$$

としてもよい.

24 例題の結果を用いると

$$\text{左辺} = (\boldsymbol{a} \cdot \boldsymbol{c})\,\boldsymbol{b} - (\boldsymbol{a} \cdot \boldsymbol{b})\,\boldsymbol{c} + (\boldsymbol{b} \cdot \boldsymbol{a})\,\boldsymbol{c}$$
$$- (\boldsymbol{b} \cdot \boldsymbol{c})\,\boldsymbol{a} + (\boldsymbol{c} \cdot \boldsymbol{b})\,\boldsymbol{a} - (\boldsymbol{c} \cdot \boldsymbol{a})\,\boldsymbol{b} = 0$$

25 $|\boldsymbol{r}|^2 = \boldsymbol{r} \cdot \boldsymbol{r} = 1$ より

$$\frac{d\boldsymbol{r}}{dt} \cdot \boldsymbol{r} + \boldsymbol{r} \cdot \frac{d\boldsymbol{r}}{dt} = 0 \quad \therefore\ \ \boldsymbol{r} \cdot \frac{d\boldsymbol{r}}{dt} = 0$$

さらに t で微分すると

$$\frac{d^2\boldsymbol{r}}{dt^2} \cdot \boldsymbol{r} + \frac{d\boldsymbol{r}}{dt} \cdot \frac{d\boldsymbol{r}}{dt} = 0$$

$$\therefore\ \ \boldsymbol{r} \cdot \frac{d^2\boldsymbol{r}}{dt^2} = -\left| \frac{d\boldsymbol{r}}{dt} \right|^2 = -1$$

よって

$$\boldsymbol{r} \times \left(\frac{d\boldsymbol{r}}{dt} \times \frac{d^2\boldsymbol{r}}{dt^2} \right)$$

$$= \left(\boldsymbol{r} \cdot \frac{d^2\boldsymbol{r}}{dt^2} \right) \frac{d\boldsymbol{r}}{dt} - \left(\boldsymbol{r} \cdot \frac{d\boldsymbol{r}}{dt} \right) \frac{d^2\boldsymbol{r}}{dt^2}$$

$$= -\frac{d\boldsymbol{r}}{dt}$$

❷ スカラー場とベクトル場

Basic

26 (1) $(1,\ 2,\ 2)$ 　　(2) $\dfrac{1}{3}(1,\ 2,\ 2)$

(3) 3 　　(4) $\dfrac{\sqrt{6}}{2}$

27 勾配の性質と次を用いよ.

$$f(\varphi) = a\varphi \ \text{とすると} \quad f'(\varphi) = a$$

28 (1) $-\dfrac{1}{x^2 y^2 z^2}(yz,\ zx,\ xy)$

(2) $\dfrac{1}{(y+z)^2}(y+z,\ -x,\ -x)$

29 (1) $\nabla \cdot \boldsymbol{a} = 2xy,\ \nabla \times \boldsymbol{a} = (1,\ 2yz,\ y^2 - z^2)$

(2) $\nabla \cdot \boldsymbol{b} = x + y + z,\ \nabla \times \boldsymbol{b} = (z,\ x,\ y)$

30 $\nabla \cdot \boldsymbol{a} = 2e^{xy}(xy + z + 1)$

$$\nabla \times \boldsymbol{a} = e^{xy}(xz^2,\ -yz^2,\ y^2 - x^2)$$

31 $\nabla\varphi = (2xyz,\ x^2 z,\ x^2 y)$ より

$$\varphi\nabla\varphi = (2x^3 y^2 z^2,\ x^4 y z^2,\ x^4 y^2 z)$$

$\varphi\nabla\varphi$ の回転を計算せよ.

32 (1) $-\dfrac{2}{r^4}\boldsymbol{r}$ (2) $\dfrac{1}{r^2}$ (3) $\boldsymbol{0}$

33 (1) $2z+6xyz$ (2) $\dfrac{2}{\sqrt{x^2+y^2+z^2}}$

Check
---

34 (1) $(0,\ 1,\ -2)$ (2) $\sqrt5$ (3) $-\dfrac{1}{\sqrt3}$

$\Rrightarrow 26$

35 勾配の性質と次を用いよ.

$$f(\varphi)=\varphi^2 \ \text{とすると}\quad f'(\varphi)=2\varphi \qquad \Rrightarrow 27$$

36 (1) $2(e^{3x-y}+z)\left(3e^{3x-y},\ -e^{3x-y},\ 1\right)$

(2) $\dfrac{1}{\cos^2 z}\big(y\cos(xy)\cos z,$

$\qquad x\cos(xy)\cos z,\ \sin(xy)\sin z\big)\quad \Rrightarrow 28$

37 (1) $\nabla\cdot\boldsymbol{a}=y^3+z-2xz$

$\qquad \nabla\times\boldsymbol{a}=(-y,\ z^2,\ -3xy^2)$

(2) $\nabla\cdot\boldsymbol{b}=0,\ \nabla\times\boldsymbol{b}=(0,\ 0,\ 0)\quad \Rrightarrow 29,30$

38 (1) $(2z-1,\ 2y,\ 2x)$ (2) $(-1,\ 2y,\ 2x-2z)$

$\Rrightarrow 28,29$

39 (1) $-\dfrac{3}{r^5}\boldsymbol{r}$ (2) 0 (3) $\boldsymbol{0}$ $\Rrightarrow 32$

40 (1) $2(xy+yz+zx)$ (2) $-5x\sin(y+2z)$

$\Rrightarrow 33$

Step up
---

41 $\nabla\cdot(\varphi\nabla\psi-\psi\nabla\varphi)=\nabla\cdot(\varphi\nabla\psi)-\nabla\cdot(\psi\nabla\varphi)$
と例題の結果を用いよ.

42 定ベクトルを $\boldsymbol{c}=(c_x,\ c_y,\ c_z)$ とおくと

$$\boldsymbol{v}=\boldsymbol{c}\times\boldsymbol{r}=\begin{vmatrix} \boldsymbol{i} & \boldsymbol{j} & \boldsymbol{k} \\ c_x & c_y & c_z \\ x & y & z \end{vmatrix}$$

$$=(c_yz-c_zy,\ c_zx-c_xz,\ c_xy-c_yx)$$

よって

$$\nabla\times\boldsymbol{v}$$

$$=\begin{vmatrix} \boldsymbol{i} & \boldsymbol{j} & \boldsymbol{k} \\ \dfrac{\partial}{\partial x} & \dfrac{\partial}{\partial y} & \dfrac{\partial}{\partial z} \\ c_yz-c_zy & c_zx-c_xz & c_xy-c_yx \end{vmatrix}$$

$$=(2c_x,\ 2c_y,\ 2c_z)=2\boldsymbol{c}$$

43 $\nabla\cdot\boldsymbol{a}=\dfrac{\partial}{\partial x}(xu)+\dfrac{\partial}{\partial y}(-yu)$

$$=u+x\dfrac{\partial u}{\partial x}-u-y\dfrac{\partial u}{\partial y}$$

$$=x\dfrac{\partial u}{\partial x}-y\dfrac{\partial u}{\partial y}=0$$

$$\nabla\times\boldsymbol{a}=\begin{vmatrix} \boldsymbol{i} & \boldsymbol{j} & \boldsymbol{k} \\ \dfrac{\partial}{\partial x} & \dfrac{\partial}{\partial y} & \dfrac{\partial}{\partial z} \\ xu & -yu & 0 \end{vmatrix}$$

$$=\left(y\dfrac{\partial u}{\partial z},\ x\dfrac{\partial u}{\partial z},\ -y\dfrac{\partial u}{\partial x}-x\dfrac{\partial u}{\partial y}\right)=\boldsymbol{0}$$

以上の式より

$$x\dfrac{\partial u}{\partial x}=y\dfrac{\partial u}{\partial y}$$

$$y\dfrac{\partial u}{\partial z}=0,\ x\dfrac{\partial u}{\partial z}=0,\ y\dfrac{\partial u}{\partial x}=-x\dfrac{\partial u}{\partial y}$$

これらが任意の x,y,z に対して成り立つから

$$\dfrac{\partial u}{\partial x}=\dfrac{\partial u}{\partial y}=\dfrac{\partial u}{\partial z}=0$$

すなわち, u は定数関数である.

44 第1式, 第2式および微分の順序交換を用いて

$$\nabla\times(\nabla\times\boldsymbol{H})=\dfrac{1}{c}\nabla\times\dfrac{\partial\boldsymbol{E}}{\partial t}$$

$$=\dfrac{1}{c}\dfrac{\partial}{\partial t}(\nabla\times\boldsymbol{E})$$

$$=\dfrac{1}{c}\dfrac{\partial}{\partial t}\left(-\dfrac{1}{c}\dfrac{\partial\boldsymbol{H}}{\partial t}\right)$$

$$=-\dfrac{1}{c^2}\dfrac{\partial^2\boldsymbol{H}}{\partial t^2}$$

一方, 例題と第3式より

$$\nabla\times(\nabla\times\boldsymbol{H})=\nabla(\nabla\cdot\boldsymbol{H})-\nabla\cdot\nabla\boldsymbol{H}$$

$$=-\nabla^2\boldsymbol{H}$$

$$\therefore\quad \nabla^2\boldsymbol{H}=\dfrac{1}{c^2}\dfrac{\partial^2\boldsymbol{H}}{\partial t^2}$$

3° 線積分・面積分

Basic

45 (1) $\dfrac{ds}{dt} = 3t^2 + \dfrac{2}{3}$ より　2

(2) $\dfrac{1}{2}$

46 $\dfrac{5}{3}$

47 2

48 (1) $-\dfrac{2}{3}$　　　　　　(2) π

49 (1) $\dfrac{1}{4}$　　　　　　(2) 3

50 $\dfrac{2}{3}$

51 $\displaystyle\iint_D (3 - 2xy)\,dxdy$

$\qquad (D : 0 \leqq x \leqq 1,\ 0 \leqq y \leqq 1)$

を計算せよ．　$\dfrac{5}{2}$

52 9

53 4π

Check

54 (1) 3π　　　　　(2) -6　　　⇒45

55 $\dfrac{3}{2}$　　　　　　　　　　⇒46,47

56 (1) $\dfrac{1}{3}$　　　　(2) $\dfrac{\pi}{4} - \dfrac{1}{3}$　⇒48

57 (1) 2π　　　　(2) 4π　　⇒49

58 7　　　　　　　　　　　　⇒50

59 $\displaystyle\iint_D (x + 2y)\,dxdy$

$\qquad (D : 0 \leqq x \leqq 1,\ 0 \leqq y \leqq 1-x)$

を計算せよ．　$\dfrac{1}{2}$　　　⇒51

60 発散定理と三角錐の体積が $\dfrac{1}{6}$ であることを用いよ．

$\dfrac{1}{3}$　　　　　　　　　　⇒52

61 -3π　　　　　　　　　　⇒53

Step up

62 $\dfrac{1}{2}\displaystyle\int_0^{2\pi} \left\{ \cos^3 t \dfrac{d}{dt}(\sin^3 t) - \sin^3 t \dfrac{d}{dt}(\cos^3 t) \right\} dt$

$= \dfrac{3}{8}\pi$

63 グリーンの定理より

与式

$= \displaystyle\iint_S \left\{ \dfrac{\partial}{\partial x}(x^2 y + 3) - \dfrac{\partial}{\partial y}(x^2 - 2xy) \right\} dxdy$

$= \displaystyle\iint_S (2xy + 2x)\,dxdy$

$= \displaystyle\int_0^2 \left\{ \int_0^{\sqrt{2x}} (2xy + 2x)\,dy \right\} dx = \dfrac{176}{15}$

64 原点と $(1,\ 0,\ 0),\ (0,\ 1,\ 0)$ を順に結んでできる三角形の周を C とすると，ストークスの定理より

$\displaystyle\int_S (\nabla \times \boldsymbol{a}) \cdot \boldsymbol{n}\,dS = \int_C \boldsymbol{a} \cdot d\boldsymbol{r}$

$\qquad\qquad\qquad = \displaystyle\int_{C_1 + C_2 + C_3} \boldsymbol{a} \cdot d\boldsymbol{r}$

ただし

$\quad C_1 : \boldsymbol{r} = (t,\ 0,\ 0) \qquad (0 \leqq t \leqq 1)$

$\quad C_2 : \boldsymbol{r} = (1-t,\ t,\ 0) \qquad (0 \leqq t \leqq 1)$

$\quad C_3 : \boldsymbol{r} = (0,\ 1-t,\ 0) \qquad (0 \leqq t \leqq 1)$

このとき

$\displaystyle\int_C \boldsymbol{a} \cdot d\boldsymbol{r}$

$= \displaystyle\int_0^1 0\,dt + \int_0^1 (1-t)\,t\,(-1)\,dt + \int_0^1 0\,dt$

$= -\dfrac{1}{6}$

65 S の単位法線ベクトルを $\boldsymbol{n}$ とすると　$\boldsymbol{n} = \boldsymbol{k}$

$\displaystyle\int_C \boldsymbol{a} \cdot d\boldsymbol{r} = \int_S (\nabla \times \boldsymbol{a}) \cdot \boldsymbol{n}\,dS$

$\qquad\qquad = \displaystyle\int_S (0,\ 0,\ y) \cdot (0,\ 0,\ 1)\,dS$

$\qquad\qquad = \displaystyle\iint_S y\,dx\,dy$

$\qquad\qquad = \displaystyle\int_{-1}^1 \left(\int_0^{\sqrt{1-x^2}} y\,dy \right) dx = \dfrac{2}{3}$

1 曲率・曲率半径

66 $\kappa = \dfrac{a}{a^2 + b^2}$, $\rho = \dfrac{a^2 + b^2}{a}$

2 主法線ベクトルと従法線ベクトル

67 $\boldsymbol{t} = \dfrac{1}{\sqrt{2}(1 + t^2)}(1 + t^2,\ 2t,\ 1 - t^2)$

$\boldsymbol{n} = \dfrac{1}{1 + t^2}(0,\ 1 - t^2,\ -2t)$

3 速度ベクトルと加速度ベクトル

68 (1) $\boldsymbol{v} = (\cos t,\ 2\cos 2t,\ -3\sin 3t)$

$\boldsymbol{a} = (-\sin t,\ -4\sin 2t,\ -9\cos 3t)$

(2) $\boldsymbol{v} = (1,\ 2,\ 0)$, $\boldsymbol{a} = (0, 0, -9)$ より

$a_t = \boldsymbol{a} \cdot \boldsymbol{t} = \boldsymbol{a} \cdot \dfrac{\boldsymbol{v}}{v} = 0$

$a_n = |\boldsymbol{a} - a_t \boldsymbol{t}| = |\boldsymbol{a}| = 9$

69 $\boldsymbol{v} = (1,\ t,\ t^2)$, $\boldsymbol{a} = (0,\ 1,\ 2t)$ より

$t = 1$ のとき

$\boldsymbol{t} = \dfrac{\boldsymbol{v}}{v} = \dfrac{1}{\sqrt{3}}(1,\ 1,\ 1)$, $\boldsymbol{a} = (0,\ 1,\ 2)$

以上より $a_t = \boldsymbol{a} \cdot \boldsymbol{t} = \sqrt{3}$

$a_n = |\boldsymbol{a} - a_t \boldsymbol{t}| = |(-1,\ 0,\ 1)| = \sqrt{2}$

4 いろいろな問題

70 スカラー場を φ とおくと,合成関数の微分法より

$\varphi_r = \sin v \cos u\, \varphi_x + \sin v \sin u\, \varphi_y + \cos v\, \varphi_z$

　　　　　　　　　　　　　　　　　　①

$\dfrac{1}{r}\varphi_v = \cos v \cos u\, \varphi_x + \cos v \sin u\, \varphi_y - \sin v\, \varphi_z$

　　　　　　　　　　　　　　　　　　②

$\dfrac{1}{r \sin v}\varphi_u = -\sin u\, \varphi_x + \cos u\, \varphi_y$　　③

① $\times \cos v -$ ② $\times \sin v$ より

$\cos v\, \varphi_r - \dfrac{\sin v}{r}\varphi_v = \varphi_z$

① $\times \sin v +$ ② $\times \cos v$ より

$\sin v\, \varphi_r + \dfrac{\cos v}{r}\varphi_v = \cos u\, \varphi_x + \sin u\, \varphi_y$

　　　　　　　　　　　　　　　　　　④

また,④ $\times \cos u -$ ③ $\times \sin u$ より

$\sin v \cos u\, \varphi_r + \dfrac{\cos v \cos u}{r}\varphi_v - \dfrac{\sin u}{r \sin v}\varphi_u$

$= \varphi_x$

④ $\times \sin u +$ ③ $\times \cos u$ より

$\sin v \sin u\, \varphi_r + \dfrac{\cos v \sin u}{r}\varphi_v + \dfrac{\cos u}{r \sin v}\varphi_u$

$= \varphi_y$

以上より,∇ についての等式が得られる.

71 (1) 点 t における点 P の座標は

$\mathrm{P}(t) = (a\cos t, \sin t, -a\sin t)$

点 t における曲線 C の接線ベクトルは

$\mathrm{P}'(t) = (-a\sin t, \cos t, -a\cos t)$

$t = \dfrac{\pi}{2}$ のとき,順に $(0, 1, -a)$, $(-a, 0, 0)$

$t = \pi$ のとき,順に $(-a, 0, 0)$, $(0, -1, a)$

(2) t における接線は,媒介変数 s を用いると

$x = a\cos t + s(-a\sin t)$

$y = \sin t + s\cos t$

$z = -a\sin t + s(-a\cos t)$　　（s は実数）

(3) $z = -a\sin t = -ay$ より,曲線 C は平面上の

曲線であり,その平面の方程式は $ay + z = 0$

単位法線ベクトルは $\boldsymbol{n} = \pm\dfrac{1}{\sqrt{a^2 + 1}}(0, a, 1)$

(4) 曲線 C を zx 平面に投影した曲線の方程式は

$x = a\cos t,\ y = 0,\ z = -a\sin t$

$(0 \leqq t \leqq 2\pi)$

この曲線は半径 a の円だから πa^2

72 (1) **0**

(2) $\boldsymbol{a} = \nabla\varphi$ より

$\dfrac{\partial \varphi}{\partial x} = (1 - 2x^2)e^{-x^2 - y^2}$　　　①

$\dfrac{\partial \varphi}{\partial y} = -2xy e^{-x^2 - y^2}$　　　②

$\dfrac{\partial \varphi}{\partial z} = 2z$　　　③

②を y について積分すると

$\varphi = xe^{-x^2 - y^2} + f(x, z)$

（ただし,$f(x, z)$ は x と z の関数）

①に代入すると

$$(1 - 2x^2)e^{-x^2-y^2} + \frac{\partial f}{\partial x} = (1 - 2x^2)e^{-x^2-y^2}$$

$\dfrac{\partial f}{\partial x} = 0$ となるから　$f(x, z) = g(z)$

（ただし，$g(z)$ は z だけの関数）

$$\therefore \ \varphi = xe^{-x^2-y^2} + g(z)$$

③に代入すると　$g'(z) = 2z$

これから $g(z) = z^2 + c$　（ただし，c は定数）

$$\therefore \ \varphi = xe^{-x^2-y^2} + z^2 + c$$

原点において $\varphi = 0$ より

$$\varphi = xe^{-x^2-y^2} + z^2$$

φ は存在し，$\varphi = xe^{-x^2-y^2} + z^2$

(3) $\displaystyle\int_C \boldsymbol{a} \cdot d\boldsymbol{r} = \int_C (\nabla\varphi) \cdot d\boldsymbol{r}$

$$= \varphi(\boldsymbol{r}(2\pi)) - \varphi(\boldsymbol{r}(0)) = 4\pi^2$$

 C 上で

$\boldsymbol{a} = ((1 - 8\cos^2 t)e^{-4}, (-8\cos t \sin t)e^{-4}, 2t)$

また，$\dfrac{d\boldsymbol{r}}{dt} = (-2\sin t, 2\cos t, 1)$

$\displaystyle\int_C \boldsymbol{a} \cdot d\boldsymbol{r} = \int_0^{2\pi} (-2e^{-4}\sin t + 2t)\, dt$

$$= 4\pi^2$$

73 (1) $\dfrac{\partial \boldsymbol{r}}{\partial u} = (-r\sin u\cos v, r\cos u\cos v, 0)$

$\dfrac{\partial \boldsymbol{r}}{\partial v} = (-r\cos u\sin v, -r\sin u\sin v, r\cos v)$

より

$\dfrac{\partial \boldsymbol{r}}{\partial u} \times \dfrac{\partial \boldsymbol{r}}{\partial v} = (r^2\cos u\cos^2 v,$

$$r^2\sin u\cos^2 v, r^2\cos v\sin v)$$

$$= r^2\cos v\, \boldsymbol{i}_r$$

(2) 領域を D とすると

$\displaystyle\int_S \boldsymbol{R} \cdot \boldsymbol{n}\, dS = \iint_D \frac{u^2}{r}\boldsymbol{i}_r \cdot r^2\cos v\, \boldsymbol{i}_r\, du\, dv$

$$= r\iint_D u^2\cos v|\boldsymbol{i}_r|^2\, du\, dv$$

$$= r\int_0^{2\pi} u^2\, du \int_{-\frac{\pi}{2}}^{\frac{\pi}{2}} \cos v\, dv$$

$$= \frac{16}{3}\pi^3 r$$

 2章 ラプラス変換

1 ラプラス変換の定義と性質

Basic

74 $\dfrac{6}{s^4}$　$(s > 0)$

75 $\dfrac{2s^2 + 6}{s^3}$　$(s > 0)$

76 $\dfrac{3}{(s-1)(s+2)}$　$(s > 1)$

77 $\displaystyle\int_0^\infty e^{-st}\sin 3t\, dt$ を計算せよ．　$\dfrac{3}{s^2 + 9}$　$(s > 0)$

78 $\cosh 2t = \dfrac{e^{2t} + e^{-2t}}{2}$ を用いよ．

$\dfrac{s}{s^2 - 4}$　$(s > 2)$

79 (1)
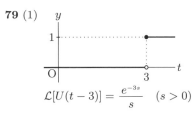
$\mathcal{L}[U(t-3)] = \dfrac{e^{-3s}}{s}$　$(s > 0)$

(2)
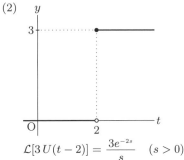
$\mathcal{L}[3\,U(t-2)] = \dfrac{3e^{-2s}}{s}$　$(s > 0)$

80 (1) $f(t) = U(t-1) - U(t-3)$　$(t > 0)$

$$\mathcal{L}[f(t)] = \frac{e^{-s} - e^{-3s}}{s}$$　$(s > 0)$

(2) $f(t) = 2\,U(t-1)$　$(t > 0)$

$$\mathcal{L}[f(t)] = \frac{2e^{-s}}{s}$$　$(s > 0)$

81 $\omega > 0$ のときと $\omega < 0$ のときに分けて求めよ．

$\omega < 0$ のときは，$\cosh\omega t = \cosh(-\omega t)$ を用いよ．

$$\frac{s}{s^2 - \omega^2}$$

82 $\dfrac{1}{s^2 + 4}$

83 $\dfrac{6}{(s-2)^4}$

84 $\dfrac{se^{-\frac{\pi}{6}s}}{s^2+1}$

85 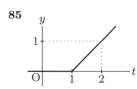　$\mathcal{L}[f(t)] = \dfrac{e^{-s}}{s^2}$

86 $\dfrac{2s}{(s^2-1)^2},\ \dfrac{s^2+1}{(s^2-1)^2}$

87 $\dfrac{2}{s^3(s+4)}$

88 $\dfrac{n!}{(s-3)^{n+1}}$

89 $\log\dfrac{s+1}{s-3}$

90 (1) te^{-2t}　　　　(2) $\dfrac{1}{2}(e^{3t}-e^t)$

　　(3) $e^{3t}\sin t$

91 (1) $(1-2t)e^{-3t}$

　　(2) $e^{2t}\left(\cos 3t + \dfrac{2}{3}\sin 3t\right)$

92 (1) $e^{-2t}-2e^{2t}+3e^t$

　　(2) $-1+t+e^{-t}$

Check

93 (1) $\dfrac{8-3s+2s^2}{s^3}$　(2) $\dfrac{6-6s+3s^2-s^3}{s^4}$

　　(3) $\dfrac{s+1}{(s-2)(s-3)}$　(4) $\dfrac{e^2}{s-3}$ ⇨74,75,76

94 $\displaystyle\int_0^\infty e^{-st}(t\,e^{\alpha t})\,dt$ を計算せよ．　$\dfrac{1}{(s-\alpha)^2}$ ⇨77

95 $\sinh\omega t = \dfrac{e^{\omega t}-e^{-\omega t}}{2}$ を用いよ．

　　$\dfrac{\omega}{s^2-\omega^2}$ ⇨78

96 (1) $f(t)-U(t)-U(t-2)+U(t-3)$　$(t>0)$

　　$\mathcal{L}[f(t)] = \dfrac{1-e^{-2s}+e^{-3s}}{s}$

　　(2) $f(t)=U(t)-U(t-1)+2U(t-3)$　$(t>0)$

　　$\mathcal{L}[f(t)] = \dfrac{1-e^{-s}+2e^{-3s}}{s}$ ⇨79,80

97 (1) $\dfrac{1}{(s-3)^2}$　　(2) $\dfrac{2}{(s+2)^3}$

---

(3) $\dfrac{3}{(s-2)^2+9}$　　(4) $\dfrac{s+1}{(s+1)^2+4}$

⇨83

98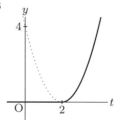

　　$\mathcal{L}[f(t)] = \dfrac{2e^{-2s}}{s^3}$ ⇨84,85

99 $\dfrac{2\omega s}{(s^2-\omega^2)^2},\ \dfrac{s^2+\omega^2}{(s^2-\omega^2)^2}$ ⇨86

100 $\dfrac{s^2+2}{(s+3)(s^2+1)}$ ⇨87

101 $\dfrac{2s(s^2-3)}{(s^2+1)^3}$ ⇨88

102 (1) $\dfrac{1}{6}t^3e^{2t}$　　　(2) $(1+3t)e^t$

　　(3) $\dfrac{1}{5}(3e^{3t}+2e^{-2t})$　(4) $2\cos 2t + \dfrac{3}{2}\sin 2t$

　　(5) $e^{-t}\left(2\cos 2t - \dfrac{1}{2}\sin 2t\right)$ ⇨90,91

103 (1) $-\dfrac{1}{2}e^{-t}+e^{2t}-\dfrac{1}{2}e^{3t}$

　　(2) $(3t+1)e^{2t}+e^{-3t}$ ⇨92

Step up

104 $f(t) = \dfrac{1}{2}t^2(U(t)-U(t-2))$

　　　　$+\dfrac{1}{2}(t-4)^2(U(t-2)-U(t-4))$

　　　$=\dfrac{1}{2}t^2\,U(t)-4(t-2)\,U(t-2)$

　　　　$-\dfrac{1}{2}(t-4)^2\,U(t-4)$

　　$\mathcal{L}[f(t)] = \dfrac{1-4se^{-2s}-e^{-4s}}{s^3}$

105 (1) $\dfrac{s^2}{(s^2+4)^2}$

　　　$=\dfrac{(s^2+4)-4}{(s^2+4)^2} = \dfrac{1}{s^2+4}-\dfrac{4}{(s^2+4)^2}$

　　　$=\dfrac{1}{s^2+4}-\dfrac{1}{2}\cdot\dfrac{(s^2+4)-(s^2-4)}{(s^2+4)^2}$

　　　$=\dfrac{1}{2}\left(\dfrac{1}{s^2+4}+\dfrac{s^2-4}{(s^2+4)^2}\right)$

　　$\mathcal{L}^{-1}\left[\dfrac{s^2}{(s^2+4)^2}\right]$

$$= \mathcal{L}^{-1}\left[\frac{1}{2}\left(\frac{1}{s^2+4} + \frac{s^2-4}{(s^2+4)^2}\right)\right]$$

$$= \frac{1}{4}(\sin 2t + 2t\cos 2t)$$

(2) $\dfrac{s^3 - s^2 + 12s - 18}{(s^2+9)^2}$

$$= \frac{(s-1)(s^2+9) + 3s - 9}{(s^2+9)^2}$$

$$= \frac{s-1}{s^2+9} + \frac{3s}{(s^2+9)^2}$$

$$\qquad -\frac{1}{2}\frac{(s^2+9) - (s^2-9)}{(s^2+9)^2}$$

$$= \frac{s}{s^2+9} - \frac{3}{2(s^2+9)}$$

$$\qquad + \frac{s^2-9}{2(s^2+9)^2} + \frac{3s}{(s^2+9)^2}$$

$$\mathcal{L}^{-1}\left[\frac{s^3 - s^2 + 12s - 18}{(s^2+9)^2}\right]$$

$$= \mathcal{L}^{-1}\left[\frac{s}{s^2+9} - \frac{3}{2(s^2+9)}\right.$$

$$\qquad \left. + \frac{s^2-9}{2(s^2+9)^2} + \frac{3s}{(s^2+9)^2}\right]$$

$$= \frac{1}{2}(2\cos 3t - \sin 3t + t\cos 3t + t\sin 3t)$$

2 ラプラス変換の応用

Basic

106 (1) $x = e^{2t}$ (2) $x = 1 - e^{-t}$

107 (1) $x = \dfrac{1}{3}e^{2t} - \dfrac{1}{2}e^t + \dfrac{1}{6}e^{-t}$

(2) $x = \dfrac{1}{2}e^t \sin 2t$

108 (1) $x = e^{2t}$

(2) $x = \dfrac{1}{3} + \dfrac{2}{3}\cos 3t - \dfrac{1}{3}\sin 3t$

109 $A,\ B$ は任意定数

(1) $x = \dfrac{1}{4} + Ae^{-4t}$ (2) $Ae^{3t} + Be^{-3t}$

(3) $x = \dfrac{t}{16} + A\cos 4t + B\sin 4t$

110 $\dfrac{1}{20}t^5$

111 $\dfrac{1}{20}t^5 + \dfrac{1}{30}t^6$

112 $\dfrac{6}{s^6}$

113 (1) $\displaystyle\int_0^t f(t-\tau)\,\tau\,e^{-2\tau}\,d\tau$

(2) $\displaystyle\int_0^t f(t-\tau)\,(e^{4\tau} - e^{3\tau})\,d\tau$

(3) $\dfrac{1}{3}\displaystyle\int_0^t f(t-\tau)e^{2\tau}\sin 3\tau\,d\tau$

114 (1) $x = 2t + \dfrac{1}{3}t^3$

(2) $x = 3\cos 3t - 2\sin 3t$

115 $H(s) = \dfrac{1}{s^2 - 4s + 3}$

$$y(t) = \frac{1}{2}\int_0^t \left(e^{3\tau} - e^\tau\right)x(t-\tau)\,d\tau$$

116 $\dfrac{1}{s-2}$

117 $y(t) = te^{-t}\quad(t>0)$

Check

118 (1) $x = \left(\dfrac{1}{2}t^2 + 1\right)e^t$

(2) $x = \dfrac{1}{4}t + \cos 2t + \dfrac{7}{8}\sin 2t$

(3) $x = (t+2)e^{3t} - e^{2t}$ ⇒106,107

119 (1) $x = \dfrac{1}{8}\cos t + \dfrac{7}{8}\cos 3t + \dfrac{1}{3}\sin 3t$

(2) $x = \dfrac{1}{8}\cos t + \dfrac{7}{8}\cos 3t + \dfrac{3}{4}\sin 3t$

(3) $x = \dfrac{1}{8}\cos t + A\cos 3t + B\sin 3t$

（$A,\ B$ は任意定数） ⇒107,108,109

120 (1) $x = e^{-t}\left(\cos 2t + \dfrac{3}{2}\sin 2t\right)$

(2) $x = e^{-t}\cos 2t$

(3) $x = e^{-t}(A\cos 2t + B\sin 2t)$

（$A,\ B$ は任意定数） ⇒107,108,109

121 (1) $\dfrac{1}{2}(t\cos t + \sin t)$ (2) $\dfrac{1}{4}e^{2t} - \dfrac{1}{2}t - \dfrac{1}{4}$

(3) $2\cos t + t^2 - 2$ ⇒110,111,112

122 (1) $x = 2\cos 2t$ (2) $x = te^t$

(3) $x = \dfrac{1}{3}t^3 - \dfrac{1}{6}t^4$ ⇒114

123 $H(s) = \dfrac{1}{s^2+4}$

$$y(t) = \frac{1}{2}\int_0^t x(t-\tau)\sin 2\tau\,d\tau$$ ⇒115

124 $y(t) = \dfrac{1}{5}\left(e^{2t} - e^{-3t}\right)\quad(t>0)$ ⇒117

Step up

125 (1) $\mathcal{L}[x(t)] = X(s)$ として，方程式の両辺のラプラス変換を求めると

$$\left(s^2 X(s) - s - 1\right) - 2\left(sX(s) - 1\right) + X(s)$$
$$= \frac{s}{s^2 - 1}$$

$$X(s) = \frac{s}{(s-1)^3(s+1)} + \frac{1}{s-1}$$
$$= -\frac{1}{8}\frac{1}{s-1} + \frac{1}{4}\frac{1}{(s-1)^2}$$
$$+ \frac{1}{2}\frac{1}{(s-1)^3} + \frac{1}{8}\frac{1}{s+1} + \frac{1}{s-1}$$

よって $x(t) = \dfrac{1}{8}e^t(7 + 2t + 2t^2) + \dfrac{1}{8}e^{-t}$

(2) $\mathcal{L}[x(t)] = X(s)$ として，方程式の両辺のラプラス変換を求めると

$$\left(s^2 X(s) - 1\right) - 2sX(s) + 5X(s)$$
$$= \frac{1}{(s-1)^2 + 1}$$

$$X(s) = \frac{1}{(s-1)^2 + 4}\left(\frac{1}{(s-1)^2 + 1} + 1\right)$$
$$= \frac{1}{3}\left(\frac{1}{(s-1)^2 + 1} - \frac{1}{(s-1)^2 + 4}\right)$$
$$+ \frac{1}{(s-1)^2 + 4}$$

よって $x(t) = \dfrac{1}{3}e^t(\sin t + \sin 2t)$

(3) $\mathcal{L}[x(t)] = X(s)$ として，方程式の両辺のラプラス変換を求めると

$$\left(s^3 X(s) - s^2 + 2\right) + 3\left(s^2 X(s) - s\right)$$
$$+ 3\left(sX(s) - 1\right) + X(s) = \frac{2}{(s+1)^3}$$

$$X(s) = \frac{1}{(s+1)^3}\left(s^2 + 3s + 1 + \frac{2}{(s+1)^3}\right)$$
$$= \frac{(s+1)^2 + (s+1) - 1}{(s+1)^3} + \frac{2}{(s+1)^6}$$

よって $x(t) = e^{-t}\left(1 + t - \dfrac{1}{2}t^2 + \dfrac{1}{60}t^5\right)$

126 $\mathcal{L}[x(t)] = X(s)$ として，方程式の両辺のラプラス変換を求めると

$$sX(s) - x(0) + 2X(s) - \frac{3X(s)}{s} = \frac{1}{s^2}$$
$$(s^3 + 2s^2 - 3s)X(s) = 1 - s^2$$
$$s(s-1)(s+3)X(s) = -(s-1)(s+1)$$
$$X(s) = -\frac{s+1}{s(s+3)} = -\frac{1}{3}\left(\frac{1}{s} + \frac{2}{s+3}\right)$$

よって $x(t) = -\dfrac{1}{3}(1 + 2e^{-3t})$

127 (1) $\mathcal{L}[y(t)] = Y(s)$ として，方程式の両辺のラプラス変換を求めると，例題より

$$s^2 Y(s) + \omega^2 Y(s) = \frac{1 - e^{-\varepsilon s}}{\varepsilon s}$$
$$Y(s) = \frac{1 - e^{-\varepsilon s}}{\varepsilon s(s^2 + \omega^2)}$$
$$\mathcal{L}^{-1}\left[\frac{1}{s(s^2 + \omega^2)}\right]$$
$$= \mathcal{L}^{-1}\left[\frac{1}{\omega^2}\left(\frac{1}{s} - \frac{s}{s^2 + \omega^2}\right)\right]$$
$$= \frac{1}{\omega^2}(1 - \cos\omega t)$$
$$\mathcal{L}^{-1}\left[\frac{e^{-\varepsilon s}}{s(s^2 + \omega^2)}\right]$$
$$= \frac{1}{\omega^2}(1 - \cos\omega(t - \varepsilon))\,U(t - \varepsilon)$$

よって $y_\varepsilon(t)$
$$= \frac{1 - \cos\omega t - (1 - \cos\omega(t - \varepsilon))\,U(t - \varepsilon)}{\omega^2 \varepsilon}$$

(2) $0 < \varepsilon < t$ のとき $U(t - \varepsilon) = 1$

$$y_\varepsilon(t) = \frac{1 - \cos\omega t - (1 - \cos\omega(t - \varepsilon))}{\omega^2 \varepsilon}$$
$$= \frac{-\cos\omega t + \cos\omega(t - \varepsilon)}{\omega^2 \varepsilon}$$

ロピタルの定理より

$$\lim_{\varepsilon \to +0} y_\varepsilon(t) = \lim_{\varepsilon \to +0} \frac{\omega \sin\omega(t - \varepsilon)}{\omega^2} = \frac{1}{\omega}\sin\omega t$$

128 (1) $\mathcal{L}[x(t)] = X(s)$, $\mathcal{L}[y(t)] = Y(s)$ として，方程式の両辺のラプラス変換を求めると

$$sX(s) - 2 = X(s) - 2Y(s), \quad sY(s) = -3X(s)$$

$Y(s)$ を消去して $X(s)$ を求めると

$$X(s) = \frac{2s}{(s-3)(s+2)}$$
$$= \frac{2}{5}\left(\frac{3}{s-3} + \frac{2}{s+2}\right)$$

よって

$$x(t) = \frac{2(3e^{3t} + 2e^{-2t})}{5}$$
$$y(t) = \frac{1}{2}\left(x - \frac{dx}{dt}\right) = \frac{6(e^{-2t} - e^{3t})}{5}$$

(2) $\mathcal{L}[x(t)] = X(s)$, $\mathcal{L}[y(t)] = Y(s)$ として，方程式の両辺のラプラス変換を求めると

$$sX(s) - 1 = -2X(s) + Y(s) - \frac{1}{s-2}$$
$$sY(s) - 1 = X(s) - 2Y(s) + \frac{1}{s-2}$$

$Y(s)$ を消去して $X(s)$ を求めると

$$X(s) = \frac{1}{s+1} - \frac{1}{(s-2)(s+3)}$$

$$= \frac{1}{s+1} - \frac{1}{5}\left(\frac{1}{s-2} - \frac{1}{s+3}\right)$$

よって

$$x(t) = e^{-t} - \frac{1}{5}e^{2t} + \frac{1}{5}e^{-3t}$$

$$y(t) = 2x + \frac{dx}{dt} + e^{2t} = e^{-t} + \frac{1}{5}e^{2t} - \frac{1}{5}e^{-3t}$$

129 (1) $\mathcal{L}^{-1}\left[\dfrac{1}{s^2+9}\right] * \mathcal{L}^{-1}\left[\dfrac{s}{s^2+9}\right]$

$$= \frac{1}{3}\sin 3t * \cos 3t$$

$$= \frac{1}{3}\int_0^t \sin 3(t-\tau)\cos 3\tau \, d\tau$$

$$= \frac{1}{6}\int_0^t \{\sin 3t + \sin(3t - 6\tau)\}\, d\tau$$

$$= \frac{1}{6}t\sin 3t$$

(2) $\mathcal{L}^{-1}\left[\dfrac{s}{s^2+4}\right] * \mathcal{L}^{-1}\left[\dfrac{s}{s^2+4}\right]$

$$= \cos 2t * \cos 2t$$

$$= \int_0^t \cos 2(t-\tau)\cos 2\tau \, d\tau$$

$$= \frac{1}{2}\int_0^t \{\cos 2t + \cos(2t - 4\tau)\}\, d\tau$$

$$= \frac{1}{2}t\cos 2t + \frac{1}{4}\sin 2t$$

130 $\mathcal{L}^{-1}\left[\dfrac{1}{s^2-2s+5}\right]$

$$= \mathcal{L}^{-1}\left[\frac{1}{(s-1)^2+4}\right] = \frac{1}{2}e^t\sin 2t$$

$$\mathcal{L}^{-1}\left[\frac{\alpha(s-2)+\beta}{s^2-2s+5}\right]$$

$$= \mathcal{L}^{-1}\left[\frac{\alpha(s-1)-\alpha+\beta}{(s-1)^2+4}\right]$$

$$= \alpha e^t\cos 2t + \frac{\beta-\alpha}{2}e^t\sin 2t$$

よって

$$y(t) = \left(\frac{1}{2}e^t\sin 2t\right) * x(t)$$

$$+ \left(\alpha e^t\cos 2t + \frac{\beta-\alpha}{2}e^t\sin 2t\right)$$

$$= \frac{1}{2}\int_0^t x(t-\tau)e^\tau\sin 2\tau \, d\tau$$

$$+ \alpha e^t\cos 2t + \frac{\beta-\alpha}{2}e^t\sin 2t$$

Plus ●●●

131 (1) $\dfrac{15\sqrt{\pi}}{8s^3\sqrt{s}}$　　(2) $\dfrac{(3+4s^2)\sqrt{\pi}}{4s^2\sqrt{s}}$

132 (1) $\dfrac{2\sqrt{t}}{\sqrt{\pi}}$　　(2) $\dfrac{4t\sqrt{t}}{3\sqrt{\pi}}$

133 最初の 1 周期分を取り出した関数を $\varphi(t)$ とすると

$$\mathcal{L}[\varphi(t)] = \int_0^a e^{-st}\cdot 1\, dt = \frac{1-e^{-as}}{s}$$

$$\mathcal{L}[f(t)] = \frac{\mathcal{L}[\varphi(t)]}{1-e^{-2as}} = \frac{1}{s(1+e^{-as})}$$

134 最初の 1 周期分を取り出した関数を $\varphi(t)$ とすると

$$\mathcal{L}[\varphi(t)] = \mathcal{L}[\delta(t)] = 1$$

$$\mathcal{L}[\delta_T(t)] = \frac{\mathcal{L}[\varphi(t)]}{1-e^{-Ts}} = \frac{1}{1-e^{-Ts}}$$

135 (1) $(-1)^2\dfrac{d^2}{ds^2}\mathcal{L}[\sin 2t]$

$$= \frac{d^2}{ds^2}\left(\frac{2}{s^2+4}\right) = \frac{4(3s^2-4)}{(s^2+4)^3}$$

(2) $s\mathcal{L}[t^2\sin 2t] - (t^2\sin 2t)_{t=0} = \dfrac{4s(3s^2-4)}{(s^2+4)^3}$

(3) $s^2\mathcal{L}[t^2\sin 2t] - (t^2\sin 2t)_{t=0}\, s - (t^2\sin 2t)'_{t=0}$

$$= \frac{4s^3(3s^2-4)}{(s^2+4)^3}$$

(4) $\dfrac{1}{s}\mathcal{L}[t\sin t] = \dfrac{2}{(s^2+1)^2}$

(5) $\dfrac{1}{s}\mathcal{L}[e^t\cos t] = \dfrac{s-1}{s(s^2-2s+2)}$

(6) $\mathcal{L}[\sin 5t] = \dfrac{5}{s^2+5^2}$ より

$$\int_s^\infty \frac{5}{\sigma^2+5^2}\, d\sigma = \frac{\pi}{2} - \tan^{-1}\frac{s}{5}$$

136 (1) 両辺に $(s+1)^2(s^2-2s+2)$ を掛けると

$$4s^2 + s + 12 = A(s+1)(s^2-2s+2)$$

$$+ B(s^2-2s+2) + (Cs+D)(s+1)^2$$

$$= (A+C)s^3 + (-A+B+2C+D)s^2$$

$$+ (-2B+C+2D)s + (2A+2B+D)$$

各係数を比較せよ.

$$A = 1,\ B = 3,\ C = -1,\ D = 4$$

(2) $\mathcal{L}^{-1}\left[\dfrac{1}{s+1} + \dfrac{3}{(s+1)^2} + \dfrac{-s+4}{s^2-2s+2}\right]$

$$= \mathcal{L}^{-1}\left[\frac{1}{s+1} + \frac{3}{(s+1)^2}\right.$$

$$\left. - \frac{s-1}{(s-1)^2+1} + \frac{3}{(s-1)^2+1}\right]$$

$$= (1+3t)e^{-t} + e^t(3\sin t - \cos t)$$

137 $\mathcal{L}[x(t)] = X(s)$ として, 方程式の両辺のラプラス変換を求めると

$$sX(s) + 3X(s) = \frac{e^{-2s}}{s}$$

$$X(s) = \frac{e^{-2s}}{s(s+3)} = \frac{1}{3}\left(\frac{e^{-2s}}{s} - \frac{e^{-2s}}{s+3}\right)$$

よって
$$x(t) = \frac{1}{3}\left\{ U(t-2) - e^{-3(t-2)}\,U(t-2) \right\}$$
$$= \frac{1}{3}(1 - e^{-3t+6})\,U(t-2)$$

138 $\mathcal{L}[i(t)] = I(s)$ とおく.

(1) 方程式の両辺のラプラス変換を求めると
$$LsI(s) + RI(s) = 1 \qquad \therefore\ I(s) = \frac{1}{Ls+R}$$
よって $i(t) = \mathcal{L}^{-1}\left[\frac{1}{Ls+R}\right] = \frac{1}{L}e^{-\frac{R}{L}t}$

(2) 方程式の両辺のラプラス変換を求めると
$$LsI(s) + RI(s) = \frac{E}{s}$$
$$I(s) = \frac{E}{s(Ls+R)} = \frac{E}{R}\left(\frac{1}{s} - \frac{L}{Ls+R}\right)$$
よって $i(t) = \frac{E}{R}\left(1 - e^{-\frac{R}{L}t}\right)$

(3) 方程式の両辺のラプラス変換を求めると
$$LsI(s) + RI(s) = \frac{\omega}{s^2+\omega^2}$$
$$I(s) = \frac{\omega}{(Ls+R)(s^2+\omega^2)}$$
$$= \frac{\omega}{R^2+\omega^2L^2}\left(\frac{L^2}{Ls+R} - \frac{Ls-R}{s^2+\omega^2}\right)$$
$$= \frac{\omega}{R^2+\omega^2L^2}\left(L\,\frac{1}{s+\frac{R}{L}}\right.$$
$$\left. -L\,\frac{s}{s^2+\omega^2} + \frac{R}{\omega}\,\frac{\omega}{s^2+\omega^2}\right)$$
よって
$$i(t) = \frac{1}{R^2+\omega^2L^2}\left(\omega L e^{-\frac{R}{L}t}\right.$$
$$\left. -\omega L\cos\omega t + R\sin\omega t\right)$$

139 (1) $\mathcal{L}[f'(t)] = sF(s),\ \mathcal{L}[f''(t)] = s^2F(s)$

(2) $\mathcal{L}[tf(t)] = -\dfrac{d}{ds}\mathcal{L}[f(t)] = -F'(s)$
$$\mathcal{L}[tf'(t)] = -\frac{d}{ds}\mathcal{L}[f'(t)] = -F(s) - sF'(s)$$
$$\mathcal{L}[tf''(t)] = -\frac{d}{ds}\mathcal{L}[f''(t)]$$
$$= -2sF(s) - s^2F'(s)$$

(3) 方程式の両辺のラプラス変換を求めると
$$-2sF(s) - s^2F'(s) - 3(F(s) + sF'(s))$$
$$-sF(s) - 2F'(s) - 3F(s) = 0$$
$$(s+1)(s+2)F'(s) + 3(s+2)F(s) = 0$$
よって $(s+1)\dfrac{dF(s)}{ds} + 3F(s) = 0$

(4) (3) の変数分離形微分方程式を解くと

$$F(s) = \frac{c}{(s+1)^3} \qquad (c\text{ は任意定数})$$
$$f(t) = \mathcal{L}^{-1}\big[F(s)\big] = \frac{c}{2}t^2e^{-t} = C\,t^2e^{-t}$$
$$(C\text{ は任意定数})$$

3 章　フーリエ解析

1　フーリエ級数

Basic

140 $0\ (m \ne n),\ 1\ (m = n)$

141 $-\dfrac{\pi}{4} + \displaystyle\sum_{n=1}^{\infty}\left(\dfrac{1-(-1)^n}{n^2\pi}\cos nx + \dfrac{(-1)^{n+1}}{n}\sin nx\right)$

142 (1) $\dfrac{3}{2} - \displaystyle\sum_{n=1}^{\infty}\dfrac{1-(-1)^n}{n\pi}\sin n\pi x$

(2) $\dfrac{9}{4} - 3\displaystyle\sum_{n=1}^{\infty}\left(\dfrac{1-(-1)^n}{n^2\pi^2}\cos\dfrac{n\pi x}{3}\right.$
$$\left. + \dfrac{1}{n\pi}\sin\dfrac{n\pi x}{3}\right)$$

143 (1) $\dfrac{4}{\pi}\displaystyle\sum_{n=1}^{\infty}\dfrac{(-1)^n}{n}\sin\dfrac{n\pi x}{2}$

(2) $\dfrac{2}{3} + \dfrac{4}{\pi^2}\displaystyle\sum_{n=1}^{\infty}\dfrac{(-1)^{n+1}}{n^2}\cos n\pi x$

144 フーリエ級数に $x = 0$ を代入し，フーリエ級数の収束定理を用いよ.

145 $1 + \dfrac{i}{\pi}\displaystyle\sum_{\substack{n=-\infty \\ n\ne 0}}^{\infty}\dfrac{1-(-1)^n}{n}e^{in\pi x}$

146 $1 - \dfrac{2}{\pi^2}\displaystyle\sum_{\substack{n=-\infty \\ n\ne 0}}^{\infty}\dfrac{1-(-1)^n}{n^2}e^{i\frac{n\pi x}{2}}$

Check

147 (1) $-\dfrac{1}{2} + \dfrac{3}{\pi}\displaystyle\sum_{n=1}^{\infty}\dfrac{1-(-1)^n}{n}\sin nx$

(2) $\dfrac{1}{2} + 2\displaystyle\sum_{n=1}^{\infty}\left(\dfrac{1-(-1)^n}{n^2\pi^2}\cos\dfrac{n\pi x}{2}\right.$
$$\left. - \dfrac{1}{n\pi}\sin\dfrac{n\pi x}{2}\right)$$

(3) $\dfrac{2}{\pi} - \dfrac{4}{\pi}\displaystyle\sum_{n=1}^{\infty}\dfrac{1}{4n^2-1}\cos 2nx$

⟹ 141,142,143

148 フーリエ級数に $x = \dfrac{\pi}{2}$ を代入し，フーリエ級数の収束定理を用いよ．　⟹144

149 (1) $1 + \dfrac{2i}{\pi} \displaystyle\sum_{\substack{n=-\infty \\ n \neq 0}}^{\infty} \dfrac{(-1)^n}{n} e^{in\pi x}$

(2) $-\dfrac{i}{\pi} \displaystyle\sum_{\substack{n=-\infty \\ n \neq 0}}^{\infty} \dfrac{1-(-1)^n}{n} e^{i\frac{n\pi x}{3}}$　⟹145,146

Step up
---

150 周期 2 の奇関数ならば，右辺の級数で表すことができる．$f(x) = x\ (-1 \leqq x < 1)$, $f(x+2) = f(x)$ とすると，$f(x)$ は周期 2 の奇関数となり，$0 \leqq x < 1$ の範囲で $f(x) = x$ が成り立つ．

$f(x)$ のフーリエ係数を求める．

$c_n = b_n = \displaystyle\int_{-1}^{1} f(x) \sin n\pi x\, dx$

$= 2 \displaystyle\int_{0}^{1} x \sin n\pi x\, dx$

$= 2 \left[\dfrac{-x}{n\pi} \cos n\pi x \right]_{0}^{1} + 2 \displaystyle\int_{0}^{1} \dfrac{\cos n\pi x}{n\pi}\, dx$

$= \dfrac{-2\cos n\pi}{n\pi} + \left[\dfrac{2\sin n\pi x}{n^2\pi^2} \right]_{0}^{1} = \dfrac{2(-1)^{n+1}}{n\pi}$

151 $f(x)$ は周期 $2N$ の偶関数だから　$b_n = 0$

$c_0 = \dfrac{1}{N} \displaystyle\int_{0}^{N} f(x)\, dx$

$= \dfrac{1}{N} \displaystyle\int_{0}^{1} (1-x)\, dx = \dfrac{1}{2N}$

$a_n = \dfrac{2}{N} \displaystyle\int_{0}^{N} f(x) \cos \dfrac{n\pi x}{N}\, dx$

$= \dfrac{2}{N} \displaystyle\int_{0}^{1} (1-x) \cos \dfrac{n\pi x}{N}\, dx$

$= \dfrac{2}{N} \left\{ \left[(1-x) \cdot \dfrac{N}{n\pi} \sin \dfrac{n\pi x}{N} \right]_{0}^{1} \right.$
$\left. + \dfrac{N}{n\pi} \displaystyle\int_{0}^{1} \sin \dfrac{n\pi x}{N}\, dx \right\}$

$= \dfrac{2}{n\pi} \left[-\dfrac{N}{n\pi} \cos \dfrac{n\pi x}{N} \right]_{0}^{1}$

$= \dfrac{2N}{n^2\pi^2} \left(1 - \cos \dfrac{n\pi}{N} \right)$

$f_N(x) = \dfrac{1}{2N} + \dfrac{2N}{\pi^2} \displaystyle\sum_{n=1}^{N} \dfrac{1 - \cos \frac{n\pi}{N}}{n^2} \cos \dfrac{n\pi x}{N}$

$u_n = \dfrac{n\pi}{N}$, $\Delta u_n = u_n - u_{n-1} = \dfrac{\pi}{N}$ とおくと

$f_N(x) = \dfrac{1}{2N} + \dfrac{2}{\pi} \displaystyle\sum_{n=1}^{N} \dfrac{1 - \cos u_n}{u_n^2} \cos u_n x\, \Delta u_n$

よって

$\displaystyle\lim_{N \to \infty} f_N(x) = \dfrac{2}{\pi} \displaystyle\int_{0}^{\pi} \dfrac{1 - \cos u}{u^2} \cos ux\, du$

2　フーリエ変換

Basic
---

152 $\dfrac{1 - iu}{1 + u^2}$

153 (1) $\dfrac{2(1 - e^{3iu})i}{u}$　　(2) $\dfrac{(1+iu)e^{-iu} - 1}{u^2}$

154 (1) $x = 0$ で不連続であることに注意して，フーリエの積分定理を適用せよ．

(2) (1) の $x = 0$ のときの等式の両辺の実部を比較せよ．

155 $\dfrac{2(u - \sin u)}{u^2}$

156 $\mathcal{F}[f(ax)] = \displaystyle\int_{-\infty}^{\infty} f(ax)\, e^{-iux} dx$ より，$t = ax$ とおいて置換積分を行え．$a < 0$ の場合，$x : -\infty \to \infty$ のとき，$t : \infty \to -\infty$ となることに注意せよ．

157 $\dfrac{2(1 - e^{3iu})\big((1+iu)e^{-iu} - 1\big)i}{u^3}$

158 (1) $2\sqrt{\pi}\, e^{-u^2}$　　(2) $-4\sqrt{\pi}\, iue^{-u^2}$

(3) $4\sqrt{\pi}(1 - 2u^2)e^{-u^2}$

159 $\dfrac{1}{2\sqrt{3\pi}}\, e^{-\frac{x^2}{12}}$

160 (1) 導関数のフーリエ変換の性質とたたみこみのフーリエ変換を用いよ．

(2) 導関数のフーリエ変換の性質を用いて右辺をフーリエ変換し，(1) の右辺と比較せよ．

161 $S_f(\omega) = \begin{cases} \dfrac{1}{2} & (\omega = 0) \\[2mm] -\dfrac{4}{\omega^2} & (\omega = (2k-1)\pi) \\[2mm] 0 & (その他) \end{cases}$
　　　　　　ただし，$k = 1,\ 2,\ \cdots$

162 $S_f(\omega) = \begin{cases} \dfrac{1}{\pi} & (\omega = 0) \\[2mm] \dfrac{2(\omega \sin \omega + \cos \omega - 1)}{\pi\omega^2} & (\omega > 0) \end{cases}$

163 (1) $\dfrac{e^{-2iu} - e^{-iu}}{u}i$ (2) $\dfrac{1 - 2iu - e^{-2iu}}{u^2}$

(3) $\dfrac{3 + iu}{9 + u^2}$ ⇒152,153

164 フーリエの積分定理を適用し，$x = 1$ を代入せよ. ⇒154

165 $S(u) = \dfrac{4u\cos 2u - 2\sin 2u}{3u^2}$ ⇒155

166 $\dfrac{2a}{a^2 + u^2}$ ⇒156

167 $\dfrac{8}{(1 + u^2)(4 + u^2)}$ ⇒157

168 問題 160 と同様にせよ. ⇒158,159,160

169 (1) $S_f(\omega) = \begin{cases} \dfrac{2}{\omega^2} & \left(\omega = \dfrac{2k-1}{2}\pi\right) \\ 0 & (\text{それ以外のとき}) \end{cases}$

ただし，$k = 1, 2, \cdots$

(2) $S_g(\omega)$

$= \begin{cases} 0 & (\omega = 0) \\ \dfrac{2(1 - \cos 2\omega - \omega\sin 2\omega)}{\pi\omega^2} & (\omega > 0) \end{cases}$

⇒161,162

170 $S(u) = 2\displaystyle\int_0^\infty e^{-x}\cos x\sin ux\,dx$

$= \displaystyle\int_0^\infty e^{-x}\{\sin(u+1)x + \sin(u-1)x\}dx$

$= \dfrac{u+1}{1 + (u+1)^2} + \dfrac{u-1}{1 + (u-1)^2}$

$= \dfrac{2u^3}{u^4 + 4}$

171 $f(x)$ は偶関数だから

$F(u) = 2\displaystyle\int_0^\infty f(x)\cos ux\,dx$

$\cos(-ux) = \cos ux$ だから

$F(-u) = 2\displaystyle\int_0^\infty f(x)\cos(-u)x\,dx$

$= 2\displaystyle\int_0^\infty f(x)\cos ux\,dx = F(u)$

よって，$F(u)$ は偶関数である.

172 $F(u) = \mathcal{F}[f(x)] = \displaystyle\int_{-\infty}^\infty f(x)e^{-iux}\,dx$

$\mathcal{F}[f(-x)] = \displaystyle\int_{-\infty}^\infty f(-x)e^{-iux}\,dx$

$= \displaystyle\int_\infty^{-\infty} f(t)e^{-iu(-t)}(-1)dt \quad (-x = t)$

$= \displaystyle\int_{-\infty}^\infty f(t)e^{-i(-u)t}\,dt = F(-u)$

1 フーリエ変換と逆フーリエ変換

173 $\mathcal{F}[f(x)] = \displaystyle\int_{-\infty}^\infty f(x)e^{-iux}\,dx$

$= 2\displaystyle\int_0^\infty f(x)\cos ux\,dx = 2\displaystyle\int_0^1 (1-x)\cos ux\,dx$

$= 2\left(\left[\dfrac{1-x}{u}\sin ux\right]_0^1 + \dfrac{1}{u}\displaystyle\int_0^1 \sin ux\,dx\right)$

$= 2\left[-\dfrac{\cos ux}{u^2}\right]_0^1 = \dfrac{2(1 - \cos u)}{u^2}$

$f(x)$ は連続だから，フーリエの積分定理より

$f(x) = \dfrac{1}{2\pi}\displaystyle\int_{-\infty}^\infty \dfrac{2(1 - \cos u)}{u^2}e^{iux}\,du$

x と u を交換すると

$f(u) = \dfrac{1}{2\pi}\displaystyle\int_{-\infty}^\infty \dfrac{2(1 - \cos x)}{x^2}e^{iux}\,dx$

$= \dfrac{1}{\pi}\displaystyle\int_{-\infty}^\infty \dfrac{1 - \cos x}{x^2}e^{iux}\,dx$

したがって

$\mathcal{F}[g(x)] = \displaystyle\int_{-\infty}^\infty \dfrac{1 - \cos x}{x^2}e^{-iux}\,dx = \pi f(-u)$

$= \begin{cases} \pi(1 - |u|) & (|u| \leqq 1) \\ 0 & (|u| > 1) \end{cases}$

2 デルタ関数と周期的デルタ関数

174 (1) $\displaystyle\int_{-\infty}^\infty \varphi_\varepsilon(x)\,dx = \displaystyle\int_{-\varepsilon}^\varepsilon \dfrac{1}{2\varepsilon}\,dx = 1$

(2) $\displaystyle\int_{-\infty}^\infty f(x)\varphi_\varepsilon(x)\,dx = \dfrac{1}{2\varepsilon}\displaystyle\int_{-\varepsilon}^\varepsilon f(x)\,dx$

$= \dfrac{1}{2\varepsilon}\cdot f(a)\cdot 2\varepsilon \quad (-\varepsilon < a < \varepsilon)$

(定積分の平均値の定理)

$\to f(0) \quad (\varepsilon \to +0)$

(3) $\displaystyle\lim_{\varepsilon\to+0}\mathcal{F}[\varphi_\varepsilon(x)] = \lim_{\varepsilon\to+0}\displaystyle\int_{-\infty}^\infty \varphi_\varepsilon(x)e^{-iux}\,dx$

(2) より　右辺 $= e^{-iu\cdot 0} = 1$

175 フーリエ級数の収束定理より

$$\delta_T(x) = \frac{1}{T} \sum_{n=-\infty}^{\infty} e^{i\frac{2n\pi x}{T}}$$

さらに

$$\mathcal{F}[\delta_T(x)] = \frac{1}{T} \sum_{n=-\infty}^{\infty} \mathcal{F}\left[e^{i\frac{2n\pi x}{T}}\right]$$

$$= \frac{1}{T} \sum_{n=-\infty}^{\infty} \mathcal{F}\left[e^{i\frac{2n\pi x}{T}} \cdot 1\right]$$

$\mathcal{F}[1] = 2\pi\delta(u)$ とフーリエ変換の性質より

$$\mathcal{F}\left[e^{i\frac{2n\pi x}{T}} \cdot 1\right] = 2\pi\delta\left(u - \frac{2n\pi}{T}\right)$$

よって

$$\mathcal{F}[\delta_T(x)] = \frac{2\pi}{T} \sum_{n=-\infty}^{\infty} \delta\left(u - \frac{2n\pi}{T}\right)$$

$$= \frac{2\pi}{T} \delta_{\frac{2\pi}{T}}(u)$$

3　補章関連

176 $f(x) = \dfrac{1}{2\pi} \displaystyle\int_{-\infty}^{\infty} \dfrac{2iue^{-iu} - (e^{iu} - e^{-iu})}{u^2} e^{iux} du$

より　$F(u) = \dfrac{2iue^{-iu} - (e^{iu} - e^{-iu})}{u^2}$

177 境界条件 $u(0,\,t) = u(2,\,t) = 0$ を満たす解は

$$u(x,\,t) = \sum_{n=1}^{\infty} C_n e^{-\frac{n^2\pi^2}{2}t} \sin\frac{n\pi}{2}x$$

であることを用いよ.

$$u(x,\,t) =$$
$$\sum_{n=1}^{\infty} \frac{16(1-(-1)^n)}{n^3\pi^3} e^{-\frac{n^2\pi^2}{2}t} \sin\frac{n\pi}{2}x$$

178 (1) $\dfrac{\partial^2 U}{\partial t^2} = -\xi^2 U$

(2) t についての斉次 2 階線形微分方程式であることを用いよ.

(3) $\mathcal{F}[f(x+t)] = e^{i\xi t}F(\xi)$ を用いよ.

4　いろいろな問題

179 (1) $\dfrac{1}{\pi} + \dfrac{1}{2}\sin x - \dfrac{1}{\pi}\displaystyle\sum_{n=2}^{\infty} \dfrac{1-(-1)^{n+1}}{n^2-1}\cos nx$

$\left(= \dfrac{1}{\pi} + \dfrac{1}{2}\sin x - \dfrac{2}{\pi}\displaystyle\sum_{k=1}^{\infty} \dfrac{1}{4k^2-1}\cos 2kx\right)$

(2) $f(x)$ は $x = \dfrac{\pi}{2}$ で連続だから, フーリエ級数の収束定理と (1) より

$$1 = f\left(\frac{\pi}{2}\right)$$

$$= \frac{1}{\pi} + \frac{1}{2} - \frac{2}{\pi}\sum_{k=1}^{\infty}\frac{\cos k\pi}{(2k-1)(2k+1)}$$

$$= \frac{1}{\pi} + \frac{1}{2} + \frac{2}{\pi}\left(\frac{1}{1\cdot 3} - \frac{1}{3\cdot 5} + \cdots\right)$$

よって

$$\frac{1}{1\cdot 3} - \frac{1}{3\cdot 5} + \frac{1}{5\cdot 7} - \cdots = \frac{\pi-2}{4}$$

180 $f(x) = \dfrac{2}{\pi} + \dfrac{4}{\pi}\displaystyle\sum_{m=1}^{\infty} \dfrac{(-1)^{m-1}}{4m^2-1}\cos 2mx$

値　$\dfrac{\pi-2}{4}$

181 $F(u) = \displaystyle\int_{-\infty}^{\infty} |x|\, e^{-|x|} e^{-iux} dx$

$$= \int_{-\infty}^{0} (-x)e^x e^{-iux} dx + \int_{0}^{\infty} xe^{-x} e^{-iux} dx$$

$$= -\int_{-\infty}^{0} xe^{(1-iu)x} dx + \int_{0}^{\infty} xe^{-(1+iu)x} dx$$

$$= -\left[x\cdot\frac{e^{(1-iu)x}}{1-iu}\right]_{-\infty}^{0} + \int_{-\infty}^{0}\frac{e^{(1-iu)x}}{1-iu}dx$$

$$\quad + \left[x\cdot\left(-\frac{e^{-(1+iu)x}}{1+iu}\right)\right]_{0}^{\infty} + \int_{0}^{\infty}\frac{e^{-(1+iu)x}}{1+iu}dx$$

$$\lim_{x\to-\infty} xe^{(1-iu)x}$$
$$= \lim_{x\to-\infty} xe^x(\cos ux - i\sin ux) = 0$$

$$\lim_{x\to\infty} xe^{-(1+iu)x}$$
$$= \lim_{x\to\infty} xe^{-x}(\cos ux - i\sin ux) = 0$$

したがって

$$F(u) = \left[\frac{e^{(1-iu)x}}{(1-iu)^2}\right]_{-\infty}^{0} + \left[-\frac{e^{-(1+iu)x}}{(1+iu)^2}\right]_{0}^{\infty}$$

$$= \frac{1}{(1-iu)^2} + \frac{1}{(1+iu)^2} = \frac{2(1-u^2)}{(1+u^2)^2}$$

182 (1) $F(u) = \displaystyle\int_{-\infty}^{\infty} f(x)\, e^{-iux} dx$

$$= \int_{0}^{1} (1-x^2) e^{-iux} dx$$

$$= \frac{1}{iu} - \frac{2}{iu}\int_{0}^{1} x e^{-iux} dx$$

$$= \frac{i}{u} - \frac{2e^{-iu}}{u^2} + \frac{2}{u^2}\int_{0}^{1} e^{-iux} dx$$

$$= \frac{-iu^2 - 2ue^{-iu} + 2ie^{-iu} - 2i}{u^3}$$

$$= \frac{2(\sin u - u\cos u)}{u^3}$$

$$\quad + i\frac{2u\sin u + 2\cos u - u^2 - 2}{u^3}$$

(2) $\dfrac{f(+0) + f(-0)}{2} = \dfrac{1}{2}$ より

$$\dfrac{1}{2\pi} \int_{-\infty}^{\infty} F(u)\,du = \dfrac{1}{2}$$

両辺の実部を比較して

$$\dfrac{1}{\pi} \int_{-\infty}^{\infty} \dfrac{\sin u - u\cos u}{u^3}\,du = \dfrac{1}{2}$$

$$\therefore \quad \int_{-\infty}^{\infty} \dfrac{\sin u - u\cos u}{u^3}\,du = \dfrac{\pi}{2}$$

183 (1) $g(x) = c_0 + \displaystyle\sum_{n=1}^{N}(a_n \cos nx + b_n \sin nx)$

とおくと

$$\text{与式} = \int_{-\pi}^{\pi} \{f(x) - g(x)\}^2 dx$$

$$= \int_{-\pi}^{\pi} \{f(x)\}^2 dx - 2\int_{-\pi}^{\pi} f(x)\,g(x)\,dx$$

$$+ \int_{-\pi}^{\pi} \{g(x)\}^2 dx \qquad \text{①}$$

ここで

$$\int_{-\pi}^{\pi} f(x)\,g(x)\,dx$$

$$= c_0 \int_{-\pi}^{\pi} f(x)\,dx$$

$$+ \sum_{n=1}^{N}\Big(a_n \int_{-\pi}^{\pi} f(x)\cos nx\,dx$$

$$+ b_n \int_{-\pi}^{\pi} f(x)\sin nx\,dx\Big)$$

$$= 2\pi c_0^2 + \pi \sum_{n=1}^{N}(a_n^2 + b_n^2)$$

また，$\displaystyle\int_{-\pi}^{\pi} \cos mx \cos nx\,dx = 0 \ (m \neq n)$ 等

を用いると

$$\int_{-\pi}^{\pi} \{g(x)\}^2 dx$$

$$= \int_{-\pi}^{\pi} \Big\{ c_0^2 + \sum_{n=1}^{N}(a_n^2 \cos^2 nx$$

$$+ b_n^2 \sin^2 nx)\Big\} dx$$

$$= 2\pi c_0^2 + \pi \sum_{n=1}^{N}(a_n^2 + b_n^2)$$

これらを①に代入すると

$$\text{与式} = \int_{-\pi}^{\pi} \{f(x)\}^2 dx$$

$$- \Big(2\pi c_0^2 + \pi \sum_{n=1}^{N}(a_n^2 + b_n^2)\Big)$$

(2) $\displaystyle\int_{-\pi}^{\pi} \Big\{ f(x) - g(x) \Big\}^2 dx \geqq 0$

(1) より

$$\int_{-\pi}^{\pi} \{f(x)\}^2 dx$$

$$- \Big(2\pi c_0^2 + \pi \sum_{n=1}^{N}(a_n^2 + b_n^2)\Big) \geqq 0$$

$N \to \infty$ とすれば，次の不等式が得られる．

$$2c_0^2 + \sum_{n=1}^{\infty}(a_n^2 + b_n^2) \leqq \dfrac{1}{\pi} \int_{-\pi}^{\pi} \{f(x)\}^2 dx$$

4章 複素関数

1 正則関数

Basic

184 実部，虚部，絶対値，共役複素数の順に

(1) $8,\ 6,\ 10,\ 8 - 6i$

(2) $-1,\ -7,\ 5\sqrt{2},\ -1 + 7i$

(3) $\dfrac{2}{13},\ \dfrac{3}{13},\ \dfrac{1}{\sqrt{13}},\ \dfrac{1}{13}(2 - 3i)$

(4) $-\dfrac{1}{2},\ -\dfrac{1}{2},\ \dfrac{1}{\sqrt{2}},\ \dfrac{1}{2}(-1 + i)$

185 $\mathrm{Re}(z) = x,\ \mathrm{Im}(z) = y$

$\mathrm{Re}(z_k) = x_k,\ \mathrm{Im}(z_k) = y_k \ (k = 1,\ 2)$

とおくと

$$z = x + yi,\ \bar{z} = x - yi$$

$$z_k = x_k + y_k i,\ \overline{z_k} = x_k - y_k i$$

(1) $\mathrm{Re}(z_1 - z_2)$

$$= \mathrm{Re}((x_1 + y_1 i) - (x_2 + y_2 i))$$

$$= \mathrm{Re}((x_1 - x_2) + (y_1 - y_2)i)$$

$$= x_1 - x_2 = \mathrm{Re}(z_1) - \mathrm{Re}(z_2)$$

(2) $\mathrm{Im}(z_1 + z_2)$

$$= \mathrm{Im}((x_1 + y_1 i) + (x_2 + y_2 i))$$

$$= \mathrm{Im}((x_1 + x_2) + (y_1 + y_2)i)$$

$$= y_1 + y_2 = \mathrm{Im}(z_1) + \mathrm{Im}(z_2)$$

(3) $\mathrm{Re}\Big(\dfrac{1}{z}\Big) = \mathrm{Re}\Big(\dfrac{1}{x + yi}\Big)$

$$= \mathrm{Re}\Big(\dfrac{x - yi}{x^2 + y^2}\Big) = \dfrac{x}{x^2 + y^2}$$

$$= \dfrac{\mathrm{Re}(z)}{\{\mathrm{Re}(z)\}^2 + \{\mathrm{Im}(z)\}^2}$$

(4) $\text{Im}(z^2) = \text{Im}((x+yi)^2)$

$\qquad = \text{Im}((x^2 - y^2) + 2xyi)$

$\qquad = 2xy = 2\,\text{Re}(z)\,\text{Im}(z)$

(5) z が実数ならば $z = \text{Re}(z)$

よって $|z| = |\text{Re}(z)|$

逆に, $|z| = |\text{Re}(z)|$ ならば

$\qquad x^2 + y^2 = |z|^2 = |\text{Re}(z)|^2 = x^2$

すなわち, $y = 0$ となり, z は実数である.

(6) z が純虚数ならば $z = i\,\text{Im}(z)$

よって $|z| = |i\,\text{Im}(z)| = |\text{Im}(z)|$

逆に, $|z| = |\text{Im}(z)|$ ならば

$\qquad x^2 + y^2 = |z|^2 = |\text{Im}(z)|^2 = y^2$

すなわち, $x = 0$ となり, z は純虚数である.

186 (1) $\sqrt{2}e^{\frac{5}{4}\pi i} = \sqrt{2}\left(\cos\dfrac{5}{4}\pi + i\sin\dfrac{5}{4}\pi\right)$

(2) $2e^{\frac{11}{6}\pi i} = 2\left(\cos\dfrac{11}{6}\pi + i\sin\dfrac{11}{6}\pi\right)$

(3) $2e^{\frac{3}{2}\pi i} = 2\left(\cos\dfrac{3}{2}\pi + i\sin\dfrac{3}{2}\pi\right)$

(4) $3e^{\pi i} = 3\left(\cos\pi + i\sin\pi\right)$

187 (1) $|e^{-i\theta}| = |e^{i(-\theta)}| = |\cos(-\theta) + i\sin(-\theta)|$

$\qquad = \sqrt{\cos^2(-\theta) + \sin^2(-\theta)} = \sqrt{1} = 1$

(2) $\overline{e^{-i\theta}} = \overline{e^{i(-\theta)}} = \overline{\cos(-\theta) + i\sin(-\theta)}$

$\qquad = \overline{\cos\theta - i\sin\theta} = \cos\theta + i\sin\theta = e^{i\theta}$

188 (1) $\sqrt{26}$ (2) 10

189 $\overrightarrow{\text{O}(z_1 - z_2)} = \overrightarrow{\text{O}z_1} + \overrightarrow{\text{O}(-z_2)}$ より

$\qquad |z_1 - z_2| \leqq |z_1| + |-z_2| = |z_1| + |z_2|$

190 (1) 点 z を原点のまわりに $\dfrac{3\pi}{4}$ 回転した点を z_1 とし, 線分 $\text{O}z_1$ を $\sqrt{2}$ 倍に拡大した端の点

(2) 点 z を原点のまわりに $\dfrac{3\pi}{2}$ 回転した点を z_2 とし, 線分 $\text{O}z_2$ を 3 倍に拡大した端の点

(3) 点 z を原点のまわりに $\dfrac{\pi}{6}$ 回転した点を z_3 とし, 線分 $\text{O}z_3$ を $\dfrac{1}{2}$ 倍に拡大した端の点

191 $(\cos(-\theta) + i\sin(-\theta))^n = (e^{i(-\theta)})^n = e^{in(-\theta)}$

$\qquad = e^{i(-n\theta)} = \cos(-n\theta) + i\sin(-n\theta)$

$\qquad = \cos n\theta - i\sin n\theta$

192 (1) $8(1+i)$ (2) $\dfrac{1}{16}$

193 (1) $z = \pm 1,\ \pm i,\ \dfrac{1\pm i}{\sqrt{2}},\ \dfrac{-1\pm i}{\sqrt{2}}$

(2) $z = 3i,\ \dfrac{3}{2}(\pm\sqrt{3} - i)$

194 (1) 1 (2) $-ei$

(3) $\cos 1 - i\sin 1$

195 (1) $\overline{e^{\bar{z}}} = \overline{e^{x-iy}} = \overline{e^x(\cos y - i\sin y)}$

$\qquad = e^x(\cos y + i\sin y)$

$\qquad = e^{x+iy} = e^z$

(2) $|e^{i\,\text{Re}(z)}| = |\cos\text{Re}(z) + i\sin\text{Re}(z)|$

$\qquad = \sqrt{\cos^2\text{Re}(z) + \sin^2\text{Re}(z)} = 1$

196 (1) $\cos(z+\pi) = \dfrac{e^{i(z+\pi)} + e^{-i(z+\pi)}}{2}$

$\qquad = \dfrac{e^{iz}e^{i\pi} + e^{-iz}e^{-i\pi}}{2}$

$\qquad = \dfrac{-e^{iz} - e^{-iz}}{2}$

$\qquad = -\dfrac{e^{iz} + e^{-iz}}{2} = -\cos z$

$\qquad \sin(z+\pi) = \dfrac{e^{i(z+\pi)} - e^{-i(z+\pi)}}{2i}$

$\qquad = \dfrac{e^{iz}e^{i\pi} - e^{-iz}e^{-i\pi}}{2i}$

$\qquad = \dfrac{-e^{iz} + e^{-iz}}{2i}$

$\qquad = -\dfrac{e^{iz} - e^{-iz}}{2i} = -\sin z$

(2) $\sin z_1 \cos z_2 - \cos z_1 \sin z_2$

$\qquad = \dfrac{e^{iz_1} - e^{-iz_1}}{2i} \cdot \dfrac{e^{iz_2} + e^{-iz_2}}{2}$

$\qquad\qquad - \dfrac{e^{iz_1} + e^{-iz_1}}{2} \cdot \dfrac{e^{iz_2} - e^{-iz_2}}{2i}$

$\qquad = \dfrac{2e^{iz_1 - iz_2} - 2e^{-iz_1 + iz_2}}{4i}$

$\qquad = \dfrac{e^{i(z_1 - z_2)} - e^{-i(z_1 - z_2)}}{2i}$

$\qquad = \sin(z_1 - z_2)$

(3) $\cos z_1 \cos z_2 + \sin z_1 \sin z_2$

$\qquad = \dfrac{e^{iz_1} + e^{-iz_1}}{2} \cdot \dfrac{e^{iz_2} + e^{-iz_2}}{2}$

$\qquad\qquad + \dfrac{e^{iz_1} - e^{-iz_1}}{2i} \cdot \dfrac{e^{iz_2} - e^{-iz_2}}{2i}$

$\qquad = \dfrac{2e^{iz_1 - iz_2} + 2e^{-iz_1 + iz_2}}{4}$

$$= \frac{e^{i(z_1-z_2)} + e^{-i(z_1-z_2)}}{2}$$

$$= \cos(z_1 - z_2)$$

197 $\cos(z+\pi)\sin(z+\pi)$

$$= (-\cos z)(-\sin z) = \cos z \sin z$$

198 絶対値 r^3, 偏角 3θ の点

199 (1) 中心が点 i, 半径 $\sqrt{2}$ の円

    (2) 中心が点 $\dfrac{1}{4}$, 半径 $\dfrac{1}{4}$ の円 （0 を除く）

200 (1) 2   (2) 16   (3) 2

201 (1) $5z^4 + 4iz^3 - 9z^2 - 2iz + 1$

    (2) $\dfrac{1}{(z-i)^2}$

    (3) $5(z^2 - iz + 2)^4(2z - i)$

202 (1) $u = \dfrac{x-1}{(x-1)^2 + y^2}$, $v = -\dfrac{y}{(x-1)^2 + y^2}$

    (2) $u = x^2 - (y-1)^2$, $v = 2x(y-1)$

    (3) $u = 9x^2 - y^2$, $v = -6xy$

203 (1) 正則でない

    (2) 正則, $f'(z) = 12xy + 6(-x^2 + y^2)i$

204 $g(z) = z^2 + iz + 2$

205 $-\dfrac{1}{\sin^2 z}$

206 $u_{xx} + u_{yy} = 0$ を示せ.

    $f(z) = (x + yi)^4$ を計算せよ.

207 (1) $\pm\dfrac{1}{\sqrt{2}}(1 - i)$

    (2) $\pm\sqrt[4]{2}\left(\cos\dfrac{3\pi}{8} + i\sin\dfrac{3\pi}{8}\right)$

    (3) $\pm\sqrt{2}(1 + i)$

    (4) $\pm\dfrac{\sqrt{2}}{2}(\sqrt{3} - i)$

208 (1) $\log 2 + \left(-\dfrac{\pi}{6} + 2n\pi\right)i$ （n は整数）

    (2) $\log 5 + \left(\dfrac{\pi}{2} + 2n\pi\right)i$ （n は整数）

209 $w = \sqrt{z}$ とすると

$$w^2 = z, \quad \frac{dz}{dw} = 2w = 2\sqrt{z}$$

よって $(\sqrt{z})' = \dfrac{dw}{dz} = \dfrac{1}{2\sqrt{z}}$

Check

210 実部, 虚部, 絶対値, 共役複素数の順に

    (1) -9, 7, $\sqrt{130}$, $-9 - 7i$

    (2) 5, 1, $\sqrt{26}$, $5 - i$

    (3) $\dfrac{1}{2}$, $-\dfrac{1}{2}$, $\dfrac{1}{\sqrt{2}}$, $\dfrac{1}{2} + \dfrac{1}{2}i$

    (4) $\dfrac{3}{2}$, $\dfrac{1}{2}$, $\dfrac{\sqrt{10}}{2}$, $\dfrac{3}{2} - \dfrac{1}{2}i$ ⇒184

211 (1) $2e^{\frac{\pi}{3}i} = 2\left(\cos\dfrac{\pi}{3} + i\sin\dfrac{\pi}{3}\right)$

    (2) $e^{\frac{11\pi}{6}i} = \cos\dfrac{11}{6}\pi + i\sin\dfrac{11}{6}\pi$

    (3) $e^{\frac{3\pi}{2}i} = \cos\dfrac{3}{2}\pi + i\sin\dfrac{3}{2}\pi$ ⇒186

212 (1) $|z_1 + z_2 + z_3| \leqq |z_1 + z_2| + |z_3|$

$$\leqq |z_1| + |z_2| + |z_3|$$

    (2) $z_2 = (z_1 + z_2) + (-z_1)$ より

    $|z_2| \leqq |z_1 + z_2| + |-z_1|$

    $= |z_1 + z_2| + |z_1|$

    よって $-|z_1 + z_2| \leqq |z_1| - |z_2|$

    また, $z_1 = (z_1 + z_2) + (-z_2)$ より

    $|z_1| \leqq |z_1 + z_2| + |-z_2|$

    $= |z_1 + z_2| + |z_2|$

    よって $|z_1| - |z_2| \leqq |z_1 + z_2|$ ⇒189

213 (1) $-e$ (2) $\dfrac{1}{2}\left(\dfrac{1}{e^\pi} + e^\pi\right)$

    (3) $\dfrac{1}{2}\left(e - \dfrac{1}{e}\right)i$ ⇒194

214 (1) $z = x + i$ に対して $w = 2x + 3i$

    よって, 直線 $\mathrm{Im}(w) = 3$ に移る.

    (2) $z = 1 + 2e^{it}$ に対して $w = 2 + i + 4e^{it}$

    よって, $2 + i$ を中心とする半径 4 の円

    $|w - (2 + i)| = 4$ に移る.   ⇒199

215 (1) -1 (2) $\dfrac{1}{2}$ ⇒200

216 (1) $3z^2 + (2 - 2i)z - i$

    (2) $\dfrac{-2i}{(z-i)^3}$ ⇒201

217 (1) 正則でない

(2) 正則，$f'(z) = 2y + (-2x - 5)i$

(3) 正則，$f'(z) = e^{-y}(-\sin x + i\cos x)$ 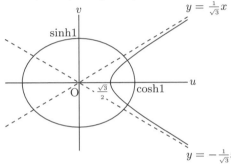→203

218 (1) $\varphi_{xx} = -\varphi_{yy} = 6y$ を用いよ．

(2) $\varphi_{xx} = -\varphi_{yy} = e^{-x}\sin y$ を用いよ．→206

219 (1) $\pm\dfrac{\sqrt{6}}{2}(1+i)$ (2) $\log 2 + \left(\dfrac{5\pi}{6} + 2n\pi\right)i$

→207,208

Step up

220 $x = \dfrac{z + \bar{z}}{2}, y = \dfrac{z - \bar{z}}{2i}$ より

(1) $1 + 2zi$ (2) $z^2 + \bar{z}$

221 $(z - \alpha)(\overline{z - \alpha}) = |z - \alpha|^2 = r^2$ より，

$(z - \alpha)(\overline{z - \alpha})$ を展開して整理せよ．

222 (1) $z = \dfrac{4i + \sqrt{-20}}{2}$

$= \dfrac{4i \pm 2\sqrt{5}i}{2} = (2 \pm \sqrt{5})i$

(2) $z = \dfrac{2i + \sqrt{4i}}{2}$

$= \dfrac{2i \pm \sqrt{2}(1 + i)}{2}$

$= \pm\dfrac{\sqrt{2}}{2} + \dfrac{2 \pm \sqrt{2}}{2}i$ （複号同順）

223 例題と同様に，加法定理を用いよ．

224 $w = u + vi = z + \dfrac{1}{z}$ に $z = te^{i\alpha}$ を代入すると

$u = \left(t + \dfrac{1}{t}\right)\cos\alpha, v = \left(t - \dfrac{1}{t}\right)\sin\alpha$

$\alpha = 0$ のとき

$u = t + \dfrac{1}{t} \geqq 2$ （相加平均と相乗平均の関係）

$v = 0$

$\alpha = \dfrac{\pi}{2}$ のとき

$u = 0, v = t - \dfrac{1}{t}$ （全実数）

$0 < \alpha < \dfrac{\pi}{2}$ のとき

$t + \dfrac{1}{t} = \dfrac{u}{\cos\alpha}$ $(\geqq 2)$, $t - \dfrac{1}{t} = \dfrac{v}{\sin\alpha}$

両辺を2乗して引くと $4 = \dfrac{u^2}{\cos^2\alpha} - \dfrac{v^2}{\sin^2\alpha}$

$\therefore \dfrac{u^2}{(2\cos\alpha)^2} - \dfrac{v^2}{(2\sin\alpha)^2} = 1, u > 0$

225 $z = \dfrac{\pi}{3} + it$ のとき

$w = \sin\left(\dfrac{\pi}{3} + it\right) = \sin\dfrac{\pi}{3}\cosh t + i\cos\dfrac{\pi}{3}\sinh t$

$\therefore u = \dfrac{\sqrt{3}}{2}\cosh t \ (>0), v = \dfrac{1}{2}\sinh t$

これと $\cosh^2 t - \sinh^2 t = 1$ より

双曲線 $\dfrac{u^2}{\left(\dfrac{\sqrt{3}}{2}\right)^2} - \dfrac{v^2}{\left(\dfrac{1}{2}\right)^2} = 1$ の $u > 0$ の部分

$z = t + i \ (0 \leqq t \leqq 2\pi)$ のとき

$w = \sin(t + i) = \sin t \cosh 1 + i\cos t \sinh 1$

$\therefore u = \cosh 1 \sin t, v = \sinh 1 \cos t$

これと $\sin^2 t + \cos^2 t = 1$ より

楕円 $\dfrac{u^2}{(\cosh 1)^2} + \dfrac{v^2}{(\sinh 1)^2} = 1$

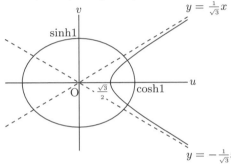

$(\cosh 1 \fallingdotseq 1.54, \sinh 1 \fallingdotseq 1.18)$

226 $u_{xx} + u_{yy} = 0$ を示せ．

正則関数はコーシー・リーマンの関係式を用いて，

例題と同様に求めよ．（c は実数の任意定数とする．）

(1) $z^2 + ci$ (2) $e^z + ci$

2 積分

Basic

227 (1) $z = i + 2e^{it} \ (0 \leqq t \leqq 2\pi)$

(2) $z = 3(1 - t) - it \ (0 \leqq t \leqq 1)$

228 (1) $\dfrac{3}{2} + 2i$ (2) $-\dfrac{4}{3}i$

229 (1) $2\pi i$ (2) 0

230 (1) $-\dfrac{1}{2} + i$ (2) $-\dfrac{2}{5}$ (3) $-\dfrac{1}{2}$

231 (1) -1 (2) $\dfrac{i}{2}\left(\dfrac{1}{e} - e\right)$

232 (1) 0   (2) $2\pi i$

233 (1) $a = 2,\ b = 1$ (2) $6\pi i$

234 (1) $2\pi i$ (2) 0   (3) $2\pi i$

235 (1) $-2\pi i$ (2) $-8\pi i$

236 $\dfrac{1}{2} + \dfrac{1}{4}(z-1) + \dfrac{1}{8}(z-1)^2 + \cdots$
$$+ \dfrac{1}{2^{n+1}}(z-1)^n + \cdots \ (|z-1| < 2)$$

237 (1) $-\dfrac{1}{z+3} - 1 - (z+3) - (z+3)^2 - \cdots$
$$- (z+3)^{n-1} - \cdots \ (0 < |z+3| < 1)$$
(2) $\dfrac{1}{(z-2)^2} - \dfrac{1}{z-2} + 1 - (z-2) + \cdots$
$$+ (-1)^n (z-2)^{n-2} + \cdots$$
$$(0 < |z-2| < 1)$$

238 (1) $\mathrm{Res}\,[f,\,2] = \dfrac{7}{4},\ \mathrm{Res}\,[f,\,-2] = \dfrac{1}{4}$
(2) $\mathrm{Res}\,[f,\,0] = \dfrac{1}{6}$
(3) $\mathrm{Res}\,[f,\,2i] = (1-2i)e^{-2i}$
(4) $\mathrm{Res}\,[f,\,0] = -\dfrac{5}{16},\ \mathrm{Res}\,[f,\,4] = \dfrac{5}{16}$

239 (1) $4\pi i$ (2) $2\pi i$
(3) $\dfrac{\pi i}{2}\left(e + \dfrac{1}{e}\right)$

240 (1) $2\pi i$ (2) 2π

Check ●

241 (1) $-\dfrac{1}{3} + \dfrac{1}{3}i$ (2) $-\dfrac{1}{3} + \dfrac{1}{3}i$
(3) $-i$ (4) $-\dfrac{\pi}{2}i$

242 (1) $15 + \dfrac{20}{3}i$
(2) $(1-\pi)e^\pi - 1 + 2\pi i$ ⇒231

243 (1) $\dfrac{2\pi}{e^2}i$ (2) $\pi\left(\dfrac{1}{e} - e\right)$
(3) $-\pi(1+i)$ (4) $2\pi i$ ⇒235

244 (1) $-1 + \dfrac{1}{3!}(z-\pi)^2 - \dfrac{1}{5!}(z-\pi)^4 + \cdots$
$$+ \dfrac{(-1)^{n+1}}{(2n+1)!}(z-\pi)^{2n} + \cdots \ (z \neq \pi)$$

(2) 孤立特異点 -3 を中心とするローラン展開は
$$\dfrac{1}{z+3} - 1 + (z+3) - \cdots$$
$$+ (-1)^n (z+3)^{n-1} + \cdots$$
$$(0 < |z+3| < 1)$$
孤立特異点 -4 を中心とするローラン展開は
$$-\dfrac{1}{z+4} - 1 - (z+4) - \cdots$$
$$- (z+4)^{n-1} - \cdots \ (0 < |z+4| < 1)$$
⇒237

245 (1) $\mathrm{Res}\,[f,\,0] = -1,\ \mathrm{Res}\,[f,\,1] = \cos 1$
(2) $\mathrm{Res}\,[f,\,0] = -1,\ \mathrm{Res}\,[f,\,-1] = 1$
(3) $\mathrm{Res}\,[f,\,3i] = -\dfrac{1}{6}ie^{-3i}$
$\mathrm{Res}\,[f,\,-3i] = \dfrac{1}{6}ie^{3i}$
(4) $\mathrm{Res}\,[f,\,0] = 0,\ \mathrm{Res}\,[f,\,i] = -\dfrac{1}{e}i$ ⇒238

246 (1) $\dfrac{11\pi}{2}i$ (2) $2\pi i \sin 3$
(3) $-\dfrac{\pi e^i}{2}(2+i)$ ⇒239

247 (1) πi (2) π ⇒240

Step up ●●

248 (1) $1 + z^3 + z^6 + \cdots + z^{3(n-1)} + \cdots$
収束半径 1
(2) $1 + 3z + 9z^2 + \cdots + 3^{n-1}z^{n-1} + \cdots$
収束半径 $\dfrac{1}{3}$
(3) (2) を項別に微分せよ.
$1 + 6z + 27z^2 + \cdots + n \cdot 3^{n-1}z^{n-1} + \cdots$
収束半径 $\dfrac{1}{3}$
(4) $z - i = u$ とおき
$$与式 = \dfrac{1}{1-i}\,\dfrac{1}{1-\dfrac{u}{1-i}}$$
と変形せよ.
$$\dfrac{1+i}{2} + \left(\dfrac{1+i}{2}\right)^2 (z-i) + \cdots$$
$$+ \left(\dfrac{1+i}{2}\right)^n (z-i)^{n-1} + \cdots$$
収束半径 $\sqrt{2}$

249 $z^4 - 16 = (z+2)(z-2)(z+2i)(z-2i)$ より

$f(z) = \dfrac{z}{z^4 - 16}$ の孤立特異点は点 $\pm 2, \pm 2i$

$$\mathrm{Res}[f,\ 2] = \frac{1}{16},\quad \mathrm{Res}[f,\ -2] = \frac{1}{16}$$

$$\mathrm{Res}[f,\ 2i] = -\frac{1}{16},\quad \mathrm{Res}[f,\ -2i] = -\frac{1}{16}$$

(1) 2 は円 C の内部にあるから

$$\int_C \frac{z}{z^4 - 16}\, dz = 2\pi i \times \frac{1}{16} = \frac{\pi}{8} i$$

(2) $\pm 2i$ は四角形 C の内部にあるから

$$\int_C \frac{z}{z^4 - 16}\, dz$$
$$= 2\pi i\left(-\frac{1}{16} - \frac{1}{16}\right) = -\frac{\pi}{4} i$$

250 (1) 曲線 $C = C_1 + C_2 + C_3$ の内部にある関数

$f(z) = \dfrac{1}{z^2 + 3}$ の孤立特異点は $\sqrt{3}\,i$ で

$$\mathrm{Res}[f,\ \sqrt{3}\,i] = \frac{1}{2\sqrt{3}\,i}$$

$$\therefore \int_C \frac{dz}{z^2 + 3} = 2\pi i \times \frac{1}{2\sqrt{3}\,i} = \frac{\pi}{\sqrt{3}}$$

(2) $\displaystyle\int_{C_1 + C_2} \frac{dz}{z^2 + 3} + \int_{-1}^{1} \frac{dx}{x^2 + 3} = \frac{\pi}{\sqrt{3}}$ より

$$\int_{C_1 + C_2} \frac{dz}{z^2 + 3} = \frac{\pi}{\sqrt{3}} - \frac{2}{\sqrt{3}} \tan^{-1} \frac{1}{\sqrt{3}}$$
$$= \frac{\pi}{\sqrt{3}} - \frac{2}{\sqrt{3}} \cdot \frac{\pi}{6} = \frac{2\pi}{3\sqrt{3}}$$

251 関数 $f(z) = \dfrac{\sqrt{z}}{z - 1}$ の C の内部にある孤立特異点

は 1 である。 $\dfrac{\pi}{2} < \arg \sqrt{z} \leqq \dfrac{3}{2}\pi$ より

$$\mathrm{Res}[f,\ 1] = \lim_{z \to 1}(z - 1)f(z) = \lim_{z \to 1} \sqrt{z} = -1$$

$$\therefore \int_C \frac{\sqrt{z}}{z - 1}\, dz = 2\pi i \mathrm{Res}[f,\ 1] = -2\pi i$$

252 C 上で $f(z) = g(z)$ だから、コーシーの積分表示

より

$$f(\alpha) = \frac{1}{2\pi i} \int_C \frac{f(z)}{z - \alpha}\, dz$$
$$= \frac{1}{2\pi i} \int_C \frac{g(z)}{z - \alpha}\, dz = g(\alpha)$$

253 (1) $\pm i$ は $f(z) = \dfrac{e^{-z}}{z^2 + 1}$ の 1 位の極である。例

題と $(z^2 + 1)' = 2z$ を用いて

$$\mathrm{Res}[f,\ i] = \left(\frac{e^{-z}}{2z}\right)_{z=i} = \frac{e^{-i}}{2i}$$

$$\mathrm{Res}[f,\ -i] = \left(\frac{e^{-z}}{2z}\right)_{z=-i} = -\frac{e^{i}}{2i}$$

(2) $-1,\ e^{\frac{\pi}{3}i} = \dfrac{1 + \sqrt{3}i}{2},\ e^{-\frac{\pi}{3}i} = \dfrac{1 - \sqrt{3}i}{2}$ は

$f(z) = \dfrac{z}{z^3 + 1}$ の 1 位の極である。

$\dfrac{z}{(z^3 + 1)'} = \dfrac{1}{3z}$ より、 (1) と同様にして

$$\mathrm{Res}[f,\ -1] = -\frac{1}{3}$$

$$\mathrm{Res}[f,\ e^{\frac{\pi}{3}i}] = \frac{1 - \sqrt{3}\,i}{6}$$

$$\mathrm{Res}[f,\ e^{-\frac{\pi}{3}i}] = \frac{1 + \sqrt{3}\,i}{6}$$

254 $z = e^{i\theta}$ とおくと、 $0 \leqq \theta \leqq 2\pi$ のとき、 z は単位

円 C を 1 周する。

$$\sin\theta = \frac{e^{i\theta} - e^{-i\theta}}{2i} = \frac{1}{2i}\left(z - \frac{1}{z}\right)$$

$$\frac{dz}{d\theta} = ie^{i\theta} = iz\ \text{より}\quad d\theta = \frac{1}{iz}\, dz$$

(1) $5 + 3\sin\theta = \dfrac{3z^2 + 10iz - 3}{2iz}$
$$= \frac{(3z + i)(z + 3i)}{2iz}\ \text{より}$$

$$\int_0^{2\pi} \frac{d\theta}{5 + 3\sin\theta}$$
$$= \int_C \frac{2}{(3z + i)(z + 3i)}\, dz$$

C の内部にある孤立特異点は $-\dfrac{i}{3}$ で、留数は

$-\dfrac{1}{4}i$

$$\therefore \int_0^{2\pi} \frac{d\theta}{5 + 3\sin\theta} = \frac{\pi}{2}$$

(2) $\displaystyle\int_0^{2\pi} \frac{d\theta}{(5 + 4\sin\theta)^2}$
$$= \int_C \frac{iz}{(2z + i)^2(z + 2i)^2}\, dz$$

C の内部にある孤立特異点は $-\dfrac{i}{2}$ で、留数を

求めると

$$\lim_{z \to -\frac{i}{2}} \left\{\left(z + \frac{i}{2}\right)^2 f(z)\right\}'$$
$$= \lim_{z \to -\frac{i}{2}} \left(\frac{iz}{4(z + 2i)^2}\right)'$$
$$= \lim_{z \to -\frac{i}{2}} \frac{-iz - 2}{4(z + 2i)^3} = -\frac{5}{27}i$$

$$\therefore \int_0^{2\pi} \frac{d\theta}{(5 + 4\sin\theta)^2} = \frac{10}{27}\pi$$

255 (1) 例題と同様に半円 $C_R\ (R > 2)$ と線分 C をと

り、 $f(z) = \dfrac{ze^z}{(z^2 + 4)^2}$ とおく。

$C_R + C$ の内部にある孤立特異点は $2i$ で、留

数は

$$\lim_{z \to 2i} \{(z - 2i)^2 f(z)\}' = \frac{1}{8e^2}$$

$$\therefore \quad \int_{C+C_R} f(z)\,dz = \frac{\pi}{4e^2}i$$

一方，この左辺の積分は

$$\int_{C_R} f(z)\,dz + \int_C f(z)\,dz$$

$$= \int_{C_R} f(z)\,dz + \int_{-R}^{R} \frac{x\cos x}{(x^2+4)^2}\,dx$$

$$\qquad\qquad + i\int_{-R}^{R} \frac{x\sin x}{(x^2+4)^2}\,dx$$

$$= \int_{C_R} f(z)\,dz + i\int_{-R}^{R} \frac{x\sin x}{(x^2+4)^2}\,dx$$

第 1 項で，$z = Re^{it}\ (0 \leqq t \leqq \pi)$ のとき

$$|e^{iz}| = e^{-R\sin t} \leqq 1$$

であることを用いると

$$\left|\int_{C_R} f(z)\,dz\right| \leqq \frac{\pi R^2}{(R^2-4)^2} \longrightarrow 0$$

$$(R \longrightarrow \infty)$$

したがって $\quad i\displaystyle\int_{-\infty}^{\infty} \frac{x\sin x}{(x^2+4)^2}\,dx = \frac{\pi}{4e^2}i$

$$\therefore \quad \int_{-\infty}^{\infty} \frac{x\sin x}{(x^2+4)^2}\,dx = \frac{\pi}{4e^2}$$

(2) 例題と同様に半円 $C_R\ (R > 2)$ と線分 C をと

り，$f(z) = \dfrac{2e^{iz}}{z^4+5z^2+4}$ とおく．

C_R+C の内部にある孤立特異点は $i, 2i$ で，留

数はそれぞれ $-\dfrac{1}{3e}i,\ \dfrac{1}{6e^2}i$

(1) と同様に

$$\int_{C_R} f(z)\,dz \longrightarrow 0\ (R \longrightarrow \infty)$$

となるから

$$\int_{-\infty}^{\infty} \frac{2\cos x}{x^4+5x^2+4}\,dx$$

$$= 2\pi i\left(-\frac{1}{3e}i + \frac{1}{6e^2}i\right) = \frac{2e-1}{3e^2}\pi$$

Plus ●●●

1 1次分数関数

256 直線 $v = \sqrt{3}u$

2 n 価関数

257 $w = \sqrt[4]{z}$ とすると

$$w^4 = z, \quad \frac{dz}{dw} = 4w^3 = 4\left(\sqrt[4]{z}\right)^3$$

よって $\quad \left(\sqrt[4]{z}\right)' = \dfrac{dw}{dz} = \dfrac{1}{4\left(\sqrt[4]{z}\right)^3}$

3 対数関数の主値

258 (1) $z = 2n\pi - i\log(-3 + \sqrt{10})$,

$\qquad (2n+1)\pi - i\log(3+\sqrt{10})$ （n は整数）

(2) $z = \left(2n+\dfrac{1}{2}\right)\pi - i\log(2\pm\sqrt{3})$ （n は整数）

4 一般のべき関数

259 $z = re^{i\theta}$ とおくと

$$\log z = \log r + i(\theta + 2n\pi) \quad （n \text{ は整数}）$$

これより

$$z^{\frac{1}{3}} = e^{\frac{1}{3}\log z} = e^{\frac{1}{3}\log r}e^{i\frac{\theta}{3}}e^{i\frac{2n\pi}{3}}$$

$$= \sqrt[3]{r}e^{i\frac{\theta}{3}}\omega_0,\ \sqrt[3]{r}e^{i\frac{\theta}{3}}\omega_1,\ \sqrt[3]{r}e^{i\frac{\theta}{3}}\omega_2$$

$$（\text{ただし，} \omega_0,\ \omega_1,\ \omega_2 \text{ は 1 の 3 乗根}）$$

すなわち $\quad z^{\frac{1}{3}} = \sqrt[3]{z}$

260 n は任意の整数とする．

(1) $(-2)^i = e^{i\log(-2)} = e^{i\{\log 2 + i(\pi + 2n\pi)\}}$

$\qquad = e^{-(2n+1)\pi + i\log 2}$

$\qquad = e^{-(2n+1)\pi}(\cos\log 2 + i\sin\log 2)$

(2) $i^{1+i} = e^{(1+i)\log i} = e^{(1+i)\left\{\log 1 + i\left(\frac{\pi}{2}+2n\pi\right)\right\}}$

$\qquad = e^{-\frac{4n+1}{2}\pi + \frac{\pi}{2}i} = ie^{-\frac{4n+1}{2}\pi}$

(3) $(1+i)^i = e^{i\log(1+i)}$

$\qquad = e^{i\left\{\log\sqrt{2} + i\left(\frac{\pi}{4}+2n\pi\right)\right\}}$

$\qquad = e^{-\frac{8n+1}{4}\pi + i\frac{\log 2}{2}}$

$\qquad = e^{-\frac{8n+1}{4}\pi}\left(\cos\frac{\log 2}{2} + i\sin\frac{\log 2}{2}\right)$

5 正則関数による写像の等角性

261 $x = 1$ の像 $\quad v = 1 - \dfrac{1}{4}u^2$

$\qquad\quad y = 1$ の像 $\quad v = \dfrac{1}{4}u^2 - 1$

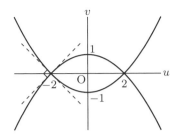

6 補章関連

262 (1) $\tan^{-1}\dfrac{1}{2}$ (2) $\dfrac{i}{2}\log 3$

263 (1) C_2 上で $\left|e^{-z^2}\right| = e^{4Rt-4R^2}$ であることを用いよ.

(2) $C,\, C_1$ に沿う積分を求め, コーシーの積分定理を用いよ.

(3) (2) の実部, 虚部を比較せよ.

264 $\displaystyle\int_0^\infty \cos(2t^2)\,dt = \dfrac{\sqrt{\pi}}{4}$ と置換積分を用いよ. $\dfrac{\sqrt{2\pi}}{4}$

265 (1) 0 を中心とするローラン展開を求めよ.

(2) $\left|1 - e^{iz}\right| \leqq 1 + \left|e^{iz}\right|$ を用いよ.

(3) $e^{it} + e^{-it} = 2\cos t$ を用いよ.

(4) $r \to 0,\ R \to \infty$ とせよ.

266 $\displaystyle\int_{C_R+C} f(z)\,dz = \dfrac{\pi}{e}$ を示し, 例題の不等式を用いて, $R \to \infty$ とし, 実部を比較せよ.

7 いろいろな問題

267 (1) $\sqrt{2}e^{\left(\frac{\pi}{4}\pm\frac{\pi}{3}\right)i}$ より $\sqrt{2}e^{\frac{7}{12}\pi i},\ \sqrt{2}e^{-\frac{\pi}{12}i}$

(2) $2e^{\left(\frac{5\pi}{6}\pm\frac{\pi}{3}\right)i}$ より $2e^{\frac{7\pi}{6}i} = -\sqrt{3}-i,\ 2e^{\frac{\pi}{2}i} = 2i$

268 $z = x + yi$ とおくと

(1) $(2+i)z = 2x - y + i(x + 2y)$ より

直線 $2x - y = 1$

(2) $(3x)^2 + (3y-1)^2 = (3x)^2 + (3y-7)^2$ より

中心 $-i$, 半径 2 の円

269 (1) $z = \dfrac{1+2w}{1-w}$ を円の方程式に代入して整理すると

$$w\overline{w} - \dfrac{1-i}{5}w - \dfrac{1+i}{5}\overline{w} = 0$$

$$\left|w - \dfrac{1+i}{5}\right|^2 = \dfrac{2}{5^2}$$

よって, 中心 $\dfrac{1+i}{5}$, 半径 $\dfrac{\sqrt{2}}{5}$ の円に移る.

(2) $z = \dfrac{1+2w}{1-w}$ を直線の方程式に代入して整理すると

$$w\overline{w} - \dfrac{1-i}{3}w - \dfrac{1+i}{3}\overline{w} - \dfrac{1}{3} = 0$$

$$\left|w - \dfrac{1+i}{3}\right|^2 = \dfrac{5}{3^2}$$

よって, 中心 $\dfrac{1+i}{3}$, 半径 $\dfrac{\sqrt{5}}{3}$ の円に移る.

270 (2), (3) は $z = x + yi$ を代入して, 両辺の実部と虚部を比較し, x, y の連立方程式を解け.

(1) $\overline{z} = \dfrac{3-4i}{1+i} = -\dfrac{1}{2} - \dfrac{7}{2}i$ より

$z = -\dfrac{1}{2} + \dfrac{7}{2}i$

(2) $z = \dfrac{5}{8} - \dfrac{5}{8}i$ (3) $z = 2 - i,\ -1 - i$

271 $f(z) = \dfrac{1}{(z-\alpha)(z-\beta)}$ とおく.

(i) $\alpha,\ \beta$ が C の外部にあるとき

コーシーの積分定理より $\displaystyle\int_C f(z)\,dz = 0$

(ii) $\alpha,\ \beta$ が C の内部にあるとき

$$\mathrm{Res}[f,\ \alpha] = \lim_{z\to\alpha}(z-\alpha)f(z) = \dfrac{1}{\alpha-\beta}$$

$$\mathrm{Res}[f,\ \beta] = \lim_{z\to\beta}(z-\beta)f(z) = \dfrac{1}{\beta-\alpha}$$

留数定理より

$$\int_C f(z)\,dz = 2\pi i(\mathrm{Res}[f,\ \alpha]+\mathrm{Res}[f,\ \beta]) = 0$$

(iii) α だけが C の内部にあるとき

留数定理より

$$\int_C f(z)\,dz = 2\pi i\,\mathrm{Res}[f,\ \alpha] = \dfrac{2\pi i}{\alpha-\beta}$$

272 $\left|e^{2z+i} + e^{iz^2}\right| \leqq \left|e^{2z+i}\right| + \left|e^{iz^2}\right|$

$$= \left|e^{2x+i(2y+1)}\right| + \left|e^{-2xy+i(x^2-y^2)}\right|$$

$$= e^{2x} + e^{-2xy}$$

273 $u = x^2 - y^2,\ v = bxy$ とするとき, $f(z)$ が正則であるための必要十分条件は

$$u_x = v_y \text{ かつ } u_y = -v_x$$

すなわち $2x = bx$ かつ $-2y = -by$

よって $b = 2$

このとき $f'(z) = u_x + iv_x = 2x + 2iy = 2z$

274 (1) $|z_1| = |z_2| = |z_3| = 1$ より

$$z_k \overline{z_k} = |z_k|^2 = 1 \ (k = 1, \ 2, \ 3)$$

よって

$$\frac{1}{z_1} + \frac{1}{z_2} + \frac{1}{z_3} = \frac{z_1 \overline{z_1}}{z_1} + \frac{z_2 \overline{z_2}}{z_2} + \frac{z_3 \overline{z_3}}{z_3}$$

$$= \overline{z_1} + \overline{z_2} + \overline{z_3} = \overline{z_1 + z_2 + z_3} = \overline{\alpha}$$

(2) $z_2 z_3 + z_3 z_1 + z_1 z_2$

$$= \frac{z_1 z_2 z_3}{z_1} + \frac{z_1 z_2 z_3}{z_2} + \frac{z_1 z_2 z_3}{z_3}$$

$$= \left(\frac{1}{z_1} + \frac{1}{z_2} + \frac{1}{z_3} \right) z_1 z_2 z_3 = \overline{\alpha} \beta$$

● 監修

高遠 節夫　　元東邦大学教授

● 執筆

碓氷 久　　群馬工業高等専門学校教授

鈴木 正樹　　沼津工業高等専門学校准教授

西浦 孝治　　福島工業高等専門学校教授

西垣 誠一　　沼津工業高等専門学校名誉教授

拜田 稔　　鹿児島工業高等専門学校教授

前田 善文　　長野工業高等専門学校名誉教授

山下 哲　　木更津工業高等専門学校教授

● 校閲

飯間 圭一郎　　奈良工業高等専門学校准教授

今田 充洋　　茨城工業高等専門学校講師

沖田 匡聡　　久留米工業高等専門学校准教授

北見 健　　函館工業高等専門学校准教授

杉山 俊　　北九州工業高等専門学校講師

竹若 喜恵　　北九州工業高等専門学校教授

中野 渉　　苫小牧工業高等専門学校名誉教授

福村 浩亨　　大分工業高等専門学校講師

表紙・カバー | 田中 晋，矢崎 博昭　　本文設計 | 矢崎 博昭

新応用数学問題集　改訂版　　　　2023.11.1　改訂版第1刷発行

● 著作者　高遠 節夫 ほか
● 発行者　大日本図書株式会社　（代表）中村 潤
● 印刷者　株式会社 日報
● 発行所　大日本図書株式会社　　〒112-0012　東京都文京区大塚3-11-6
　　　　　tel. 03-5940-8673（編集），8676（供給）

中部支社　名古屋市千種区内山1-14-19 高島ビル　　tel. 052-733-6662
関西支社　大阪市北区東天満2-9-4 千代田ビル東館6階　　tel. 06-6354-7315
九州支社　福岡市中央区赤坂1-15-33 ダイアビル福岡赤坂7階　　tel. 092-688-9595

ISBN978-4-477-03503-1

● ホームページのご案内　http://www.dainippon-tosho.co.jp